JN245335

野生動物

追いかけて、見つめて知りたい　キミのこと

京都大学野生動物研究センター 編

京都通信社

はじめに

この本を手にとったあなたは、きっと動物が好きで興味があるのでしょう。けれども野生動物は、あなたの身近にいますか？ テレビで見る、あるいは動物園に行って見る、という機会はあるかもしれません。どうしたら彼らの生活をもっと知ることができるのでしょうか。野外で動物が生活している場所に、実際に行って見ることはできるのでしょうか。あるいは、「見る」以外にも彼らを知る方法はあるのでしょうか。

京都大学野生動物研究センターは、大学の野生動物の研究機関としては日本で初めて、2008年に創立されました。国内外の動物園や水族館などの飼育施設、野外の研究拠点、そして研究機関と共同で研究を進めています。センターができて10年以上が経過しました。そのあいだに、野生動物のことをもっと知りたいと強く願う人たちが、野生動物を、追いかけて、見つめて、探ってきました。この本には、それぞれの研究者が垣間見た動物たちの姿が書かれています。

序章では、現在の野生動物のおかれた状況や、彼らについて知るためにどんな方法で研究しているのかなど、基本的な知識をまとめました。1～3章では、さまざまな動物を紹介します。彼らはどんな暮らしをしているのでしょう？ 子育てや仲間との生活は？ 私たち人とはどんな関わりがあるの？ 動物園やテレビ番組でよく知られている動物もいれば、ほとんど知られていない動物もでてきます。研究者はその動物のどこに魅力を感じ、なにを見つけたのでしょうか。知れば知るほど、謎は深まるばかり。動物たちの真の姿を見ることはできるのでしょうか。もしかしたらいつまでたっても片思いなのかもしれません。それでも、迫力満点のたくさんの写真からは、その一瞬、動物とともに過ごした空気が伝わってくるようです。

野生動物の研究に、あなたも参加してみませんか。4章の「動物研究へのいざない」では、研究者ばかりでなく、研究で身につけた知識や技術を生かして活躍するガイドやキュレーターなど、野生動物と社会とをつなぐ仕事を紹介しています。

野生動物をとりまく環境はますます厳しくなっていて、私たちとの距離はますます遠くなりつつあります。私たちと共生する道は、野生動物をもっと知ることから開けると思います。これまでに切り拓いてきた細い道をさらに拡げ、未来につなげるために私たちはなにをすべきか。センターのこれからに向けての意気込みも、この本からきっと感じていただけることと思います。

京都大学野生動物研究センター
センター長 村山美穂

南インドの町バンディプルで、奥の森から集落に出てきたハヌマンラングール（撮影・植田彩容子）

上／ボルネオオランウータンのコドモ（撮影・Eddy Boy）
下／轍（わだち）にたまった水を飲むキイロヒヒ（撮影・桜木敬子）
右／警戒ぎみにこちらを見つめるインパラ（撮影・桜木敬子）

幸島のニホンザルの体重測定。小麦を載せて、体重計に誘導する（撮影・鈴村崇文）

ニシメガネザル。夜行性の霊長類。頭を180度回転させ、獲物や捕食者を見つけ出す（撮影・松川あおい）

角が特徴的なグレータークードゥーのオス（タンザニア・セルー猟獣保護区、撮影・桜木敬子）

ヒレで相手の体をこするミナミハンドウイルカ。この行動はラビングとよばれ、仲間どうしのコミュニケーションと考えられている
(写真提供・御蔵島観光協会)

ひなたぼっこ中のナイルワニ（タンザニア・カタヴィ国立公園、撮影・伊谷原一）

水中ですごすカバの群れ（タンザニア・セルー猟獣保護区、撮影・桜木敬子）

屍肉を奪い合うセグロジャッカルとハゲワシ（タンザニア・セレンゲティ国立公園、撮影・伊谷原一）

子を連れたメスのライオン（タンザニア・ンゴロンゴロ保全地域、撮影・松川あおい）

一寸先は断崖絶壁で休息するドールシープ(夏のアラスカ・デナリ国立公園、撮影・植田彩容子)

記録装置付きヘルメットをつけて飛ぶハト(撮影・狩野文浩)

列をなして湖岸を歩くエジプトガン(タンザニア・セルー猟獣保護区、撮影・桜木敬子)

野生動物

追いかけて、見つめて知りたい キミのこと

もくじ

はじめに …… 03

序章 野生動物を知るとは？

世界にはたくさんの動物たちが！ …… 14
動物たちは地球でともに生きる仲間 …… 16
生物の歴史をたどってみよう …… 18
動物たちのまわりにはハテナがいっぱい！ …… 20
動物の研究方法いろいろ …… 22
DNAからわかること …… 24
ホルモンから動物の〈こころ〉を知る …… 26
地道な行動観察のくり返しが
あっと驚く発見に …… 28

1章 動物たちの暮らしぶり

【動物たちはどこにいる?】
見えないカワイルカ類の水中生活を音で探る …… 34
ミナミハンドウイルカのお引っ越し …… 36
雲南シシバナザルの秘めた生活 …… 39

●フィールド奮闘記 01
済州島の母イルカ、サムパルが連れてきた幸運 42

●研究手法01 環境DNA
水中には見えない痕跡がいっぱい?! …… 44

●動物園のひとくふう 01
進化しつづける類人猿施設 …… 46

【食べる・食べられる】
意外にアクティブなスナメリの狩り …… 48
ウミヘビという「ややこしい」生きもの …… 50
ネオンテトラの青い衣装は、
鏡に映ってこそ映える …… 53

●研究手法02 ゲノム
ゲノムから探るクジラの進化 …… 56

「うんこ」でつながる
ビントロングと絞め殺しイチジク …… 58
ニホンザルはきれい好き? …… 60

●フィールド奮闘記 02
カバたちは、ちょっと気になるご近所さん …… 64

【休む】
ハイラックスは時間セレブ? …… 66
ナマケモノはハードワーカー? …… 69

2章 仲間と暮らす

【子育て】
世界一長いオランウータンの子育て …… 76
キリンの保育園 …… 79
広大な熱帯雨林に生きる
小さなヤマアラシ …… 82

●フィールド奮闘記 03
海の中から見るイルカ …… 84

【仲間との関係】
ほかのバクには会うのもいやだ …… 86
暗闇に潜むロリスの秘密 …… 88
上空からの目で野生ウマを追う …… 90

●フィールド奮闘記 04
仲間を悼みにきたのかな …… 92

●動物園のひとくふう 02
気むずかしいオスシマウマの飼育管理 ………… 94

【コミュニケーション】
ないしょ話を盗み聞きする密かな愉しみ … 96
アゴヒゲアザラシの求愛歌 ………………… 98
超低周波音を巧みに操る
ゾウのコミュニケーション力 ……………… 100
おしゃべりなヤブイヌ ……………………… 102
仲間を見つめるオオカミの目 ……………… 104
ハトから見た世界を疑似体験 ……………… 106

●フィールド奮闘記 05
コンゴの熱帯雨林でボノボと会う ………… 108
試されているのは人間のほう？ …………… 110

●動物園のひとくふう 03
「なにしてるんですか？」は、願ってもないチャンス！ 112

●フィールド奮闘記 06
すごく「わかる」けど、まだまだ「わからない」、
進化の隣人チンパンジー …………………… 114

3章 動物と人との関わり

【人と暮らす動物】
ゾウのことはなんでもわかるゾウ使い … 120
エジプトの未来を支えるラクダ …………… 122
おねだり上手なイヌ ………………………… 124

●研究手法03 性格関連遺伝子
遺伝子が性格に関与する？ ………………… 126

【動物を守る】
アマゾンマナティーの天敵は人間？！…… 128
野生動物の「家畜化」が
生態系の保全につながる…………………… 130
森でつながるヒトとチンパンジー ………… 132

●研究手法04 種の判定
DNAを手がかりに密輸の実態を探る ……… 134

●研究手法05 保全遺伝
野生動物の密猟を防ぐ ……………………… 136
ニホンイヌワシは絶滅してしまうのか … 139

●研究手法06 生殖細胞
未熟な卵子を保存して、希少動物の繁殖に役だてる … 142

●研究手法07 iPS細胞
iPS細胞は野生動物の保全にも役だつぞ！…… 144

【人と自然】
やんばるの森と人 …………………………… 146
動物の名前と地元の知識 …………………… 148
映像制作を通してヒトを考える…………… 150
屋久島の自然に学ぶ1週間………………… 152

4章 動物研究へのいざない

獣医／ドルフィン・スイム・ガイド／飼育担当／動物の調査会社／自然保護NGOスタッフ／映像制作／キュレーター／研究者／環境省レンジャー／科学コミュニケーター ……………… 156

著者一覧／参考文献………………………… 167
索引 ………………………………………… 171
おわりに …………………………………… 175

＊各動物の生息情報、絶滅危惧レベルは、IUCNの作成するレッドリスト(2020年版)を参照しています。
これ以外の文献を参照した場合は、該当部分に数値を記し、170ページに文献リストを掲載しています。
The IUCN Red List of Threatened Species. Version 2020-3. (http://www.iucnredlist.org)（参照・2020年2月26日）

序章 野生動物を知るとは？

ニホンザル（宮崎県幸島、撮影・鈴村崇文）

世界にはたくさんの動物たちが！

みなさんは、どんな動物を知っているだろうか。
私たち人間はもちろん、いっしょに暮らすイヌやネコ、私たちが食べているウシ、ブタ、ニワトリ、動物園で会える動物たちがおなじみだろうか。
ペットや家畜、観察対象として人間が飼育している動物だけではなく、近くの山や川、海にはシカ、イノシシ、サル、カラスやハト、スズメ、メダカ、クラゲなどもいる。
彼らは少なからず、人間の生活環境から離れて暮らす野生動物である。
地球上には、いったいどれくらいの野生動物たちがいるのだろうか。

野生動物の数

72,906種※1

地球上に72,906種も存在する動物たちはどこに暮らして、なにをしているのか。仲間たちとどのように暮らし、人間とどのような関係をもっているのか。わからないことは無数にある。私たち人間にはできないような、ものすごい技をもった動物がたくさんいるだろう。いっぽうで、私たち人間にどこか似た特徴をもっている動物もいるかもしれない。未開の地や深海には、まだ確認されていない動物たちもいるだろう。

※1 IUCNレッドデータ http://www.iucnredlist.org/

たとえば……

哺乳類	6,485種
鳥　類	11,158種
爬虫類	11,341種
両生類	8,250種

●絶滅の危機に瀕する動物たち　　（単位：種）

カテゴリー		哺乳類	鳥類	爬虫類	両生類	魚類	無脊椎動物	合計
EX	絶滅	85	159	30	35	81	389	779
EW	野生絶滅	2	5	3	2	10	16	38
CR	近絶滅種	221	223	324	650	666	1,311	3,395
EN	絶滅危惧種	539	460	584	1,036	1,036	1,623	5,278
VU	危急種	557	798	541	704	1,338	2,555	6,493
絶滅またはその恐れのある動物たちの合計		**1,404**	**1,645**	**1,482**	**2,427**	**3,131**	**5,894**	**15,983**
IUCNレッドリストで評価されている種の何%?		**24%**	**15%**	**18%**	**34%**	**15%**	**24%**	**20%**

（2020年3月発行IUCNレッドリストから引用※1）

16世紀以降、779種の野生動物がすでに絶滅している。動物園などの飼育下には生き残っているが、野生下では絶滅してしまった種が38種もいる。そして、近い将来絶滅してしまうおそれが高い種（CR、ENおよびVU）は15,166種。確認されている動物のおよそ20.8%にも達する計算だ。

これらの動物たちが地球上から姿を消すと、どのような影響があるのか。それは、まだだれにもわからない。しかし、私たちヒトという生きものも、たとえば、食物というかたちでほかの生きもののいのちをいただいて生きている。ヒトという一種だけで生きのびることができないことは、あきらかだ。

野生動物の未来を考えることは、私たち人間の未来を考えることでもある。まずは、動物たちを知ることからはじめよう。

新たな
疑問や課題

例
- 好きな動物の知らない一面がわかってうれしい、楽しい
- その動物が生きてゆくうえでなにがだいじか理解する

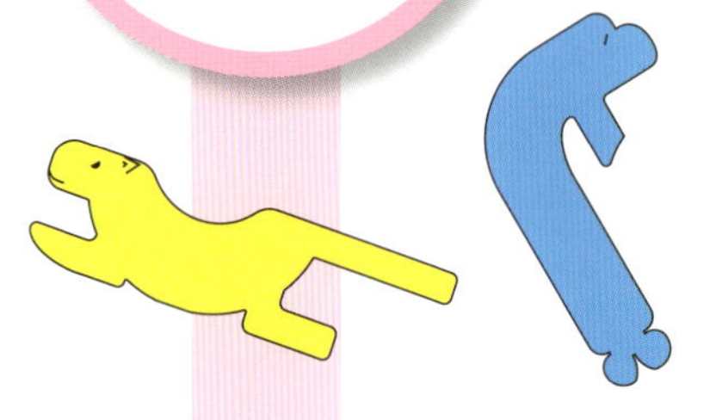

動物たちは地球でともに生きる仲間

どんどん都市化がすすみ、私たち人間の生活と野生動物たちが暮らす自然とは遠く離れた関係になりつつある。しかし、この一見遠く離れたところに暮らす彼らを絶滅の淵に追いやっている原因のほとんどは、私たちの生活に起因している。

たとえば、私たちの暮らしに必要な木材をとったり、畑をつくるための森林伐採、ゾウ、サイ、マグロなど動物の乱獲や、農作物に使う農薬などは野生動物の生存をおびやかしている。海では油による汚染や、分解されずに半永久的に残ってしまうプラスチックの汚染がある。大気中では、私たちが排出する二酸化炭素やフロン類による温暖化が代表例として挙げられる。

野生動物も地球に暮らす仲間である。動物たちは、植物やほかの動物たちを食べて生きている。動物たちの暮らす環境に国境はなく、陸・海・空を介してすくなからず私たちの暮らしにつながっている。私たち人間も含め、生きものはかならずほかの生きものと関わりあいながら生きているのである。

そんな彼らはどこに暮らして、なにをしているのか。仲間たちとどのように暮らし、人とどのような関係をもっているのか。彼らを知ることで、同じ地球に暮らす動物たちの多様さや偉大さ、生命の力強さを感じるに違いない。それは私たちに生きる感動を与えてくれる。

この本には、野生動物たちの魅力にとりつかれた筆者たちの体験談がつまっている。きっとあなたの興味をそそる動物がどこかにいるに違いない。彼らとともにこの地球上で生きるヒントを得られるかもしれない。

生物の歴史をたどってみよう

ヒトもゾウもイヌもイルカも祖先は同じ

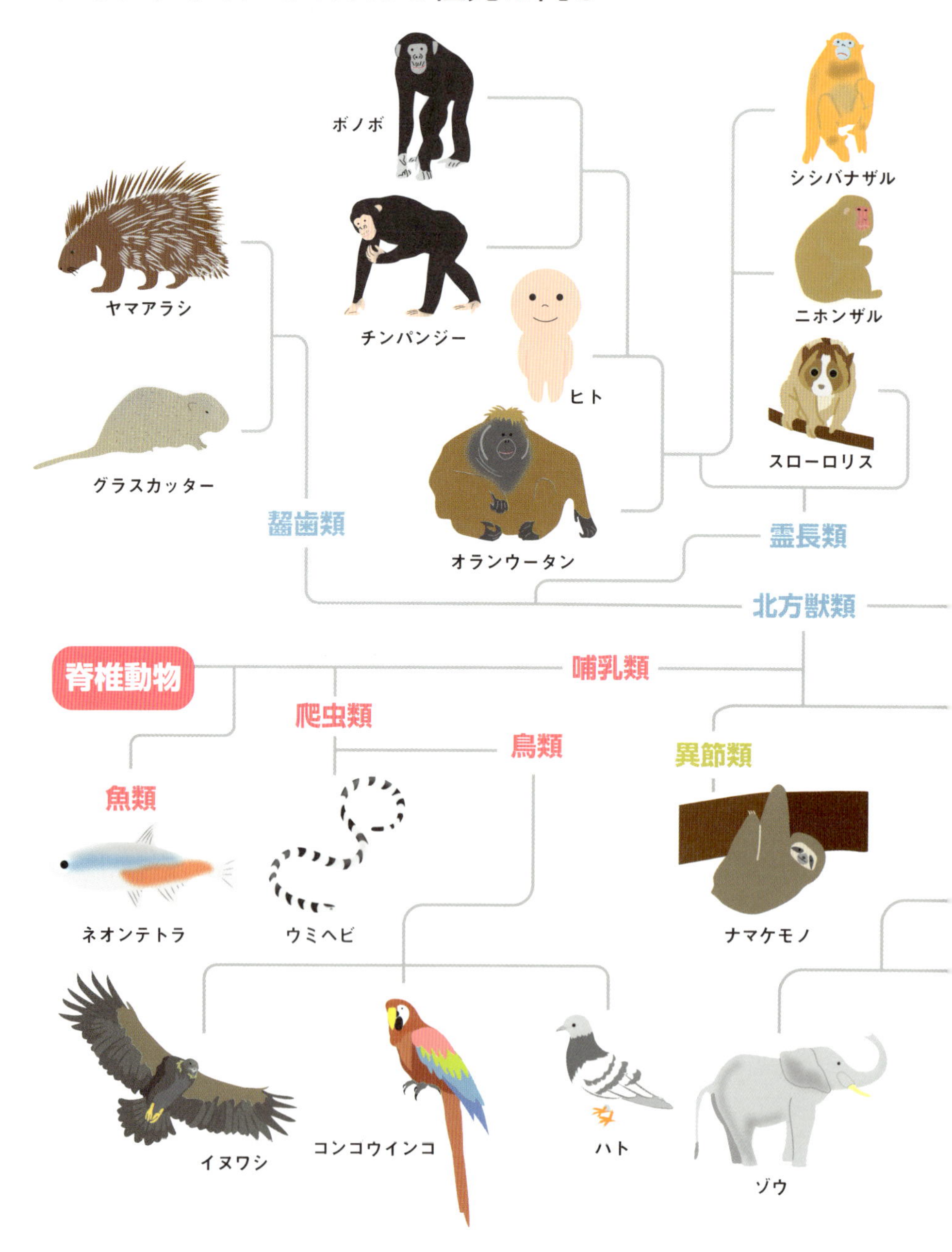

この世界にはヒトを含めてたくさんの動物が暮らしている。私たちは生命の誕生から約40億年をかけて1種の祖先動物から進化してきた生きものだ。この図は、その進化の流れを、まるで枝が分岐していく樹のように表現したもの(系統樹)。この本に登場する動物の一部が図の中に位置づけられている。枝が近ければ近いほど、「近い生きもの」だ。「近い生きもの」であっても、似ている部分もあれば、違う部分もあることにきっと気づくだろう。

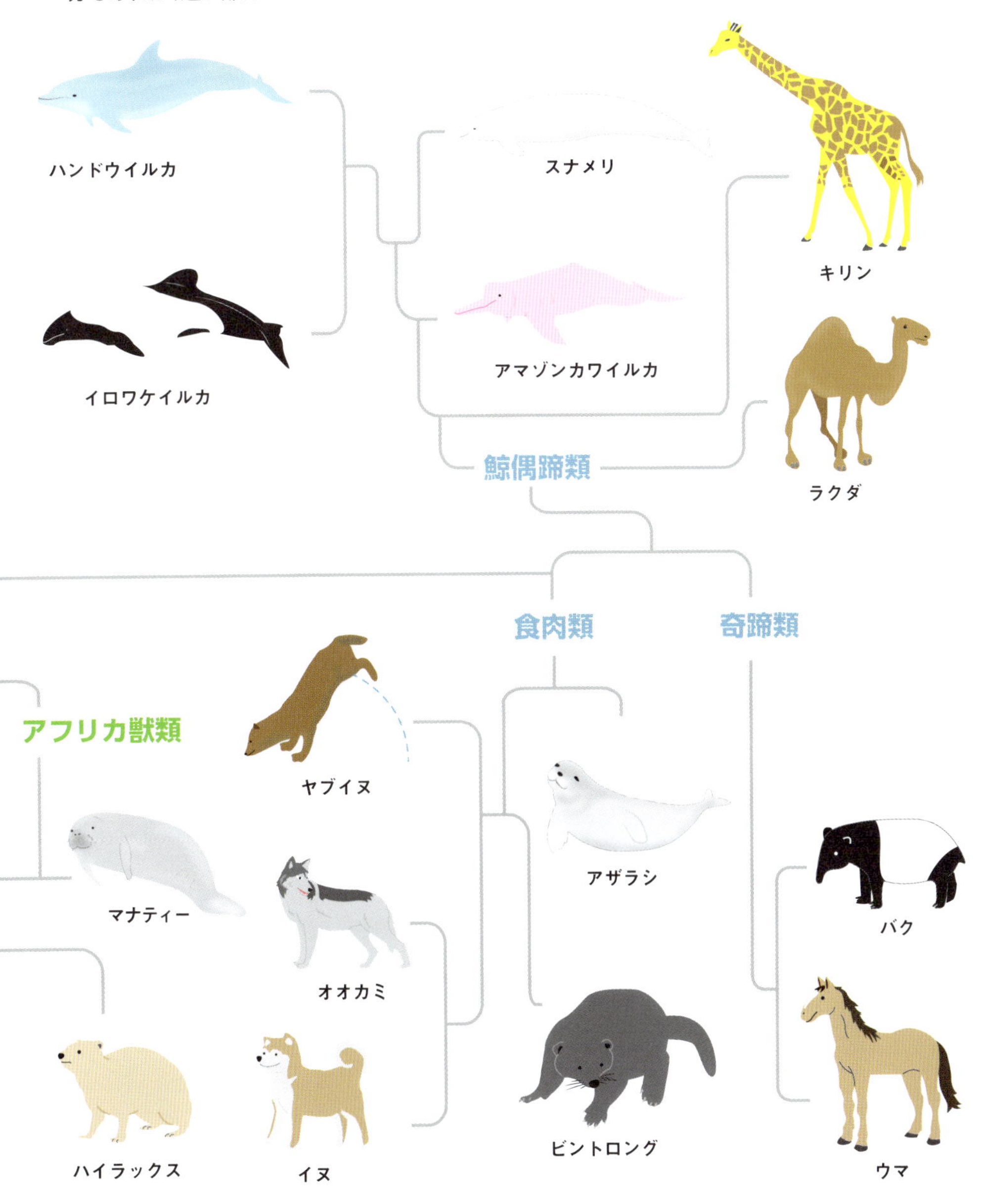

動物たちのまわりには
ハテナがいっぱい!
世界にたくさんいる動物たち。
それぞれ棲む環境に合わせて、形態、食性、行動、社会……
いろいろな特徴をもって進化してきました。
だからこそ、それぞれの動物には無数の「ハテナ」があります。
体長、体重は
どれくらいだろう
なにを
しているんだろう

いつ休んで
いるんだろう
なにを考えて
いるんだろう
なにを食べて
いるんだろう
いつ活動して
いるんだろう
この2頭は
親子なのかな？

動物の研究方法いろいろ

「ハテナ」を調べる・研究するためにさまざまな研究方法があります。
「どんな〈ハテナ〉を知りたいのか」によって選ぶ方法は変わります。
また、動物の棲む場所、生活スタイルに合わせて
方法を考える必要があります。
「どのようなところに棲む動物の」、「なにを知りたいのか」
いろいろな方法を駆使して、動物を研究します。

ドローン(無人航空機)をつかった観察

空から動物を撮影し、映像データを解析して、動物の行動や形態などを調べます。

形態調査
(姿、かたち、大きさなどを調べる)

ふつうは捕まえたときに、巻き尺やバネばかりで、体長や体重をはかります。捕まえずに測るのはなかなかたいへんで、動物を誘導して体重計に乗ってもらうなどの工夫が必要です。死んで骨になったものをていねいにはかることで、さまざまな情報を得ることができます。

細 胞

死んでしまった動物や、生きた動物を治療するときなどに、細胞を採取して、長期間保存することで実験に役だてます。たとえば、動物の卵子や精子などを保存しておけば、人工授精などでコドモをつくることもできます。

直接的な観察

動物を直接、肉眼や双眼鏡で見ます。シンプルですが、とても多くの情報を得ることができます。ただし、野生動物は活動範囲が広かったり、人がかんたんに足を踏み入れることができない場所にいたりと、なかなか観察できないことも多いです。

水中での直接的な観察

動物と泳ぎながら、動物の行動などを直接調べます。動物の動きについていくだけの遊泳能力が求められます。

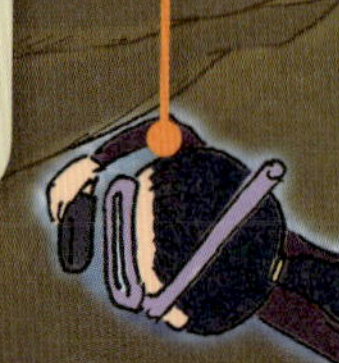

動物への記録装置の装着

動物の体に自動記録装置をつけて、移動の経路やその速さと高さ、心拍数などを測ります。装置をつけるときに、動物を捕まえる必要があります。装置はどんどん小型化しており、空を飛ぶ動物にも使えるなど、可能性がひろがっています。

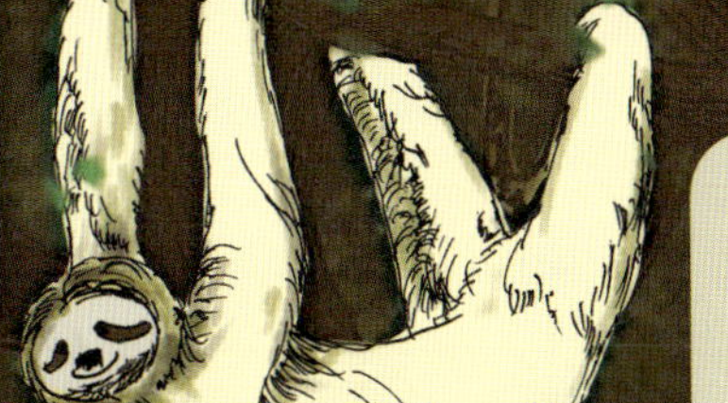

行動実験

動物に、ある行動をするようにトレーニングをすることで、動物の認知など、動物の内面を探ります。霊長類では、画面の数字を順番にタッチするなど、ボタンや画面をタッチすることを覚えてもらうことで、学習能力などのテストをしています。野外の情況をうまくつかって実験をすることもあります。

間接的な観察

自動撮影カメラや、自動録音装置などを動物のやってきそうな場所に仕掛けて、映像や声を録音します。人に慣れていない動物や、夜行性の動物、水中の動物の観察などにむいています。

痕跡（足跡、食痕、糞、尿、毛、ベッド（巣））

糞や、その動物の特徴的な痕跡（たとえば、チンパンジーは木の枝を折ってベッドを作ります）を探すことで、その動物がそこにいたことがわかります。また、糞からは食べたもの、その動物のDNA、ホルモン、寄生虫などさまざまな情報を得ることができます。

DNA

動物のDNA情報を調べるといろいろなことがわかります。動物を捕まえなくても、毛や羽、糞といった痕跡や、骨などからもDNAは採取できます。

安定同位体

排泄物や骨などに含まれる安定同位体を分析することで、動物がどのようなものを、どのていど食べていたのか、いつごろ離乳したのかなどがわかります。

ホルモン

動物のホルモンを調べるとストレスや発情、妊娠状態などいろいろなことがわかります。動物を捕まえなくても、糞や尿、毛などからホルモンの濃度を測ることができます。

ビデオ撮影

撮影したビデオデータを解析して、動物の行動や形態などを調べます。

研究でわかるこんなこと　もっとくわしく 1

DNAからわかること

写真1　ガボンのニシゴリラ。どこにいるかわかるだろうか

野生動物を観察するのはむずかしい。これは中部アフリカに位置するガボン共和国のゴリラ観察基地に行ったときの写真（写真1）。この写真のどこにゴリラがいるか、わかるだろうか。

ここのゴリラたちは研究者の存在に慣れていて、至近距離での観察もできるのだが、はじめて会う私が接近するのはかんたんではない。ゴリラのほうから覗きに来てくれたので、やっとこの写真が撮れた。

野生動物を細胞の内側から見る

そんな手ごわい野生動物でも、細胞の中のDNAを調べれば、観察だけではわからない多くの情報が得られる。DNAは体のどの細胞にもあるので、捕獲のむずかしい野生動物の場合は、羽根や糞を集め、そこに含まれる細胞から抽出する。あるいは体からはがれて、水中を漂っている細胞からDNAを抽出することもできる（44ページ）。

DNAとはなんだろう？

この本のなかでつかわれている、DNA、遺伝子、ゲノムなどの用語をかんたんに整理しておこう。

DNAは細胞の中にあって、アデニン、グアニン、シトシン、チミンという4種類の塩基から構成される物質である。塩基の並び方(塩基配列)は、私たちの体を構成し維持するためのタンパク質をつくる設計図となる(図1)。この設計図が、親から子へと伝えられる遺伝情報、すなわち遺伝子である。

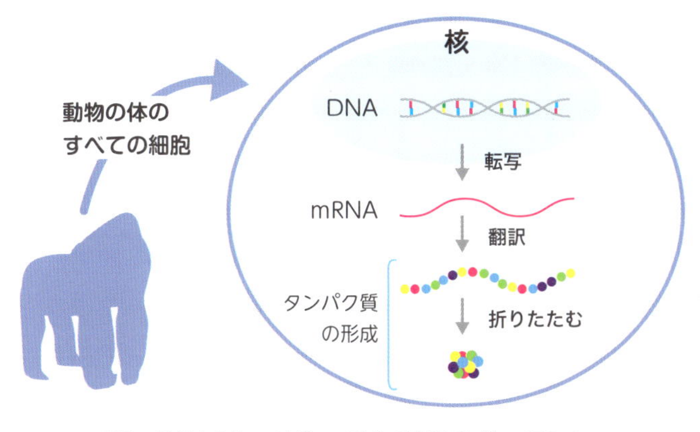

図1　DNAからタンパク質へ。DNAの設計図に従ってアミノ酸が並べられ、折りたたまれて、タンパク質が完成する

ゲノムとは、個体がもつすべての遺伝情報のことをさす。20年ほどまえは、ゲノムの中の一つの遺伝子の塩基配列を解読するのにはたいへんな手間がかかった。最近の技術革新で、ゲノム全体の塩基配列を解析して比較することが容易になりつつある(56ページ)。

DNAでなにができる?

DNAはすべての生物が共通してもっているが、塩基配列は個体によって、あるいは動物種によって違っている。親子や兄弟のあいだの塩基配列は、他人のあいだよりも似ているし、ヒトとチンパンジーのように近い種どうしは、ヒトとイヌのあいだよりも似ている。だから、塩基配列を調べれば、種を識別したり(44、134、136ページ)、血縁関係を推定して個体数の増減予測をしたり(139ページ)、種間の系統関係を調べたり(56ページ)できる。

さらには、対象動物のDNAだけでなく、消化管の内容物にふくまれる植物のDNAを抽出すれば、餌の種類を識別することだってできる(130ページ)。

塩基配列の違いは、つくられるタンパク質を変化させるので、見た目や体質、性格などに個体差が生まれることもある。そのため、塩基配列から個体の特徴の予測もできるのだ(126ページ)。

ところで、こうしたラボワークは実験室のみでするもの、と思っていないだろうか。ラボワークにはフィールドワークの経験が必須だ。野外で集めた試料にはほんの少ししかDNAが含まれていないので、試料に合わせて解析方法を変えるなど、経験に基づく職人技が必要な部分もある。DNA解析装置のスイッチ一つ押せば済むわけではない。DNAの解析のためには、多くの時間を野生動物のいない実験室ですごさなければならない。それでも、「フィールドで感じた生きものの謎を解きたい」というモチベーションが、困難を乗り越えて研究をすすめる支えになる。

(村山美穂)

ゴリラの糞。糞に混じっていた植物の種子が発芽している

ホルモンから動物の〈こころ〉を知る

「ホルモン」と聞いて、焼き肉屋で目にする内臓を思いうかべる方は多いだろう。ざんねんながら、私が研究するホルモンは、美味ではないけれど、醍醐味は満点である。

体内のいろいろな器官から分泌され、体内環境を調整している小さな物質をホルモンという。これを調べることで、ことばで聞けない、あるいは表情から読みとることもむずかしい動物たちの〈こころ（内面）〉を、客観的に数値化できるのが魅力だ。

繁殖成功率の鍵を握るエストロゲン

たとえば、ジャイアントパンダの発情は、基本的に年にいちどしか起こらない。妊娠（受精）できるチャンスは、この年にいちどきりの発情ピーク日（排卵日）からわずか数日間しかないのだ。世界中の多くの動物園は、この期間を的確に見分けて、メスとオスを会わせ、交尾を促そうとがんばっている。

では、そのたった一日しかない発情ピーク

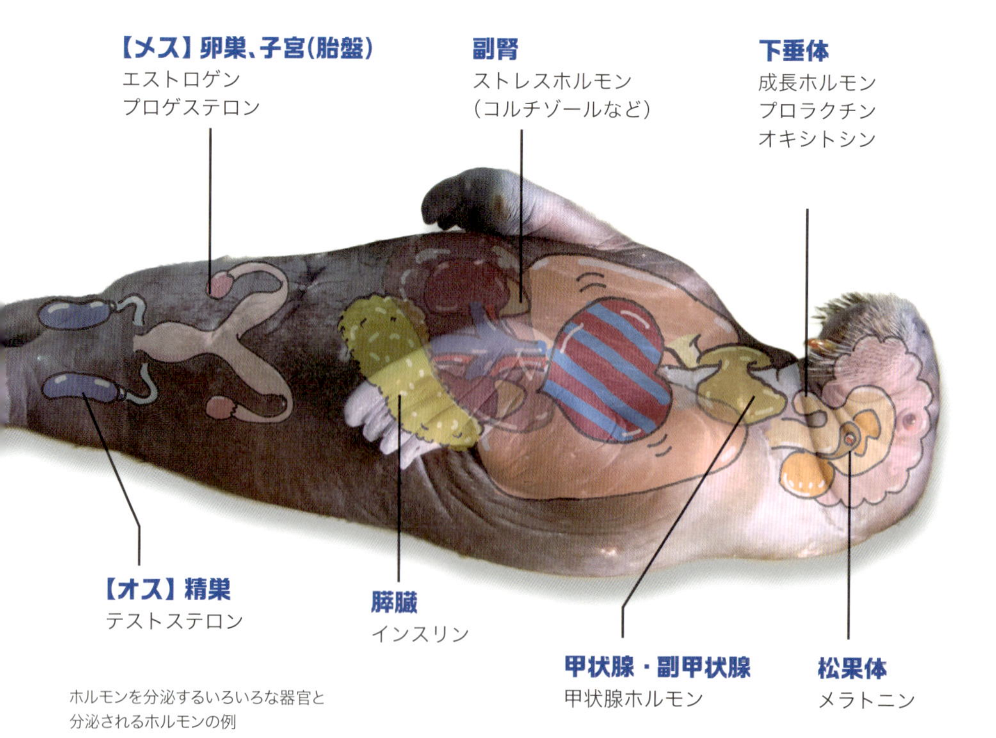

ホルモンを分泌するいろいろな器官と
分泌されるホルモンの例

日をどのように調べるのか。発情の度合いが増すにつれてメスの行動が変わるが、その変化は緩やかなので、「この日が発情ピーク!」と外見の観察だけで判断するのはとてもむずかしい。そこで活躍するのが「エストロゲン」というホルモンである。

卵巣から血中に分泌されるエストロゲンは、排卵直前に濃度がピークに達する。私たちは、尿に排泄されたメスのエストロゲン濃度を毎日調べることで、彼らの発情ピークをつかむ。彼らの愛のキューピットになれるかどうか……。その鍵を握るエストロゲンは、繁殖に欠かせないだいじなホルモンである。

排便中の動物園のメスユキヒョウ
(神戸市立王子動物園で撮影)

小さな物質が教えてくれる喜怒哀楽

発情と同じように、ストレスもまた外見の観察だけではつかみにくいものの一つだ。そこで活躍するのが、その名のとおり「ストレスホルモン」である。副腎から分泌されるホルモンで、ストレスの程度を評価する指標になると考えられている。

たとえば、動物は生活環境が変化すると、すくなからずなんらかのストレスを受ける。私は、動物園からべつの動物園に移動した動物たち(ユキヒョウなど)の糞や尿中にあるストレスホルモンを測定し、環境の変化とストレスとの関係を調べた。

個体によってさまざまだが、移動から1週間たてば、高いストレスホルモン値が低値に下がる個体もいれば、半月ほど高値を維持する個体もいる。あるいは、移動先にいるべつの個体に会ったときに、移動時よりも高いストレスを受ける個体もいた。

このような突発的なストレスもあれば、病気などによって受ける慢性的ストレスも、数値の変化から読みとれる。この研究手法を野生動物に応用すれば、生息地の分断やハンティングの影響などで野生動物が受けているストレスを調べることもできるだろう。

岩場に尿スプレーをする野生のメスユキヒョウ。尿を吹きかけてマーキングをしている
(写真提供・Snow Leopard Foundation in Kyrgyzstan)

直接に出会う機会の少ない野生動物はもちろんのこと、近くで観察できる動物園などでもその表情からは読みとれない、複雑な彼らの〈こころ〉を、彼らの落としもの(糞や尿など)にふくまれるホルモンが教えてくれるのである。

(木下こづえ)

研究でわかるこんなこと もっとくわしく 3

地道な行動観察のくり返しがあっと驚く発見に

行動観察は生きている動物の姿を、注意しつつ見ることだ。湖にたくさん集まった水鳥の動きを遠くから見るのも、鳥かごのインコが一粒一粒の餌を食べるようすをまぢかに見るのも行動観察といえる。ここでは、もうすこし限定して、「1頭の動物を近くでじっくりと見る」という情況で考えてみよう。飼っているペットをじっくり見ることも、れっきとした観察だ。

動物の行動には、あるていど決まったパターンがあって、観察しているとそれが見えてくる。すると、疑問もわいてくる。たとえば、「うちの犬は、いつもここでおしっこをするけれど、なにか理由があるのだろうか」と気になって、その場所にも興味が出てくる。疑問の答えを模索しながら、動物の行動をさらにくわしく見てゆく。行動観察とは、このくり返しといえるだろう。

幸運にも出会った、生まれた直後のニホンジカのアカンボウ

観察に決まりはなし！

動物のどの行動を見なければいけないかという決まりはとくにない。それは観察者の自由であり、腕の見せどころともいえる。クラス全員で同じ花を写生しても、できあがってくる絵はどれも違う。行動観察もこれと似た面がある。同じ動物を観察しても、注目する点も、疑問に思う点も人それぞれ。観察をとおして取りあげる問題には、観察者の個性が表れる。創造的な活動なのだ。

着想には創造的な面があるいっぽうで、科学である以上、だれが観察しても同じ結果にならねばならないこともある。ある動物の日中の休憩時間を観察によって明らかにしようという場合に、Aさんの結論は「いつも短め」、Bさんは「いつも長めだ」となっては困る。そこで、観察者によって事実に違いが生じないように、動物の行動を正確にはかる方法が考えられてきた。

まず、どのような行動を「休憩」とみなすのかをくわしく定義し、同じ1頭を見つづける。そして、休みはじめと終わりの時刻を秒単位で記録する作業をくり返す。これで休憩時間を正確に知ることができる。秒単位でなく分単位ではかる簡易な方法もあるが、それにしても、なかなか根気のいる作業である。この本の中でも、「ナマケモノは1日の8割ちかく休んでいた」などとさらっと書かれているが、これを明らかにするために、何日間も地道な作業を重ねているのだ（69ページ）。

パターンをはずれた行動に出会う

野生動物の日々の行動には、それなりのパターンがあり、あるていどは予測できる。慣れてくると、「きょうもだいたいこんなことをするだろう」と先が読めるようになる。しかし、時折、天敵との遭遇や、出産、仲間との激しいケンカ、道具の使用など、たまにしか起こらない出来ごとに遭遇するという幸運が舞いこむ。そして、

幸島のニホンザルには、浜に打ち上げられた魚を食べるというめずらしい行動が見られる。このようなめずらしい行動の観察は、ほかの個体のすることを見て覚える「文化」が、動物にもあるという発見につながった

これが重要な発見につながることもある。

あるいは、数年から数十年にいちど起こる大凶作や干ばつのときには、動物はふだんなら行かない場所に行ったり、ふだんは食べないものを食べたりすることもある。「めったにない瞬間」を目撃することも観察の醍醐味だ。

組み合わせしだいで可能性は拡がる

対象動物が観察しやすい場合は、目視での観察以外の方法も取り入れることで、より深く知ることができる。たとえば、糞を採取すればホルモンやDNAの情報が手に入るし、録音をすれば声の情報が手に入る。これらを観察の結果と結びつけることで、たとえば交尾行動の起こる時期を予測したり、父親がどの個体か決定したり、はたまた特別な鳴き声を発見することもある。組み合わせ方は、アイデアしだい。柔軟な発想こそが大発見への一歩である。

（杉浦秀樹）

アフリカゾウ(タンザニア・セルー猟獣保護区、撮影・桜木敬子)

1章 動物たちの暮らしぶり

研究でわかってきた
動物たちの暮らしぶり

動物たちは、どこで、どんなふうに暮らしているのでしょう。
野生動物の暮らす世界は、深い山の中だったり、海の底だったり、ときに空中を飛んだりと、
私たち人間の暮らす環境とはずいぶんと違うこともあります。
野生動物のなかには、私たちからみてもおいしそうなものを食べている動物もいれば、
私たちにはとても食べられないようなものでも食べられるものもいます。
どこで、なにを食べ、なにをして暮らしているかを調べることで、
彼らの暮らしのようすもわかります。

動物たちはどこにいる?

動物はその名のとおり、「動く」生きものです。やみくもに山や森を歩き回っても、野生動物にはなかなか出会えません。動物たちの暮らしぶりを知るには、まずはどんな動物がどこにいるのかをつきとめなければなりません。濁った川や高い山などに生息し、かんたんには見つけられない動物たちもいます。研究者たちは、さまざま調査手法を駆使しながら、彼らの居場所を探しだし、その行動を観察しています。

食べる・食べられる

食べることは、動物が生きていくうえでもっともだいじなことです。なにを・どのように食べるのかによって、動物の暮らしぶりが決まっているといってもよいでしょう。捕食者に食べられないように、どのように身を守るのかも重要です。日々くり返されている「食べる・食べられる」という行為は、たんに個体の生命の維持にかかわるだけではありません。これが積み重なってゆくことで、森や川、海のような大きな生態系にまで影響を与えています。私たち一人ひとりが食べているものも、地球の生態系に影響を与えているのです。

休む

動物は、移動したり、食べたり、排泄したり、繁殖したりと、活発に動いていますが、それだけではありません。冬眠したり、一日のほとんどを、動かずにじっと休んでいることだってあります。動物の種類によって、あるいは棲む環境によって、休む長さは違います。休むことにも意味があるはずです。一日じゅうごろごろと寝てばかりの人間は、「だらしないね」と叱られることもありますが、自然の中で暮らしていくためには、案外、だいじなことなのかもしれませんね。

動物たちはどこにいる？

見えないカワイルカ類の水中生活を音で探る

写真1　ブラジル北部のマナウスで撮影されたアマゾンカワイルカ。ナマズ漁の餌にするための密漁によって数を減らしている。ガンジスカワイルカより視覚が発達しているが、水中ではほぼエコーロケーションに頼って暮らしている（撮影・山本友紀子）

アマゾンカワイルカ　絶滅危惧レベル　Vulnerable VU

学　名　*Inia geoffrensis*
分　類　鯨偶蹄目ハクジラ亜目カワイルカ科アマゾンカワイルカ属
生息地　ブラジル、ペルー、コロンビア、エクアドル、ボリビアなど
調査地　ブラジル

ガンジスカワイルカ　絶滅危惧レベル　Endangered EN

学　名　*Platanista gangetica*
分　類　鯨偶蹄目ハクジラ亜目カワイルカ科ガンジスカワイルカ属
生息地　インド、バングラデシュ、ネパール、パキスタン
調査地　インド

写真2　ガンジスカワイルカ。生息数は約2,000頭と推定されている。目には水晶体がなく、光の強弱や方向がわかる程度で、ほぼ盲目だと考えられている（撮影・森阪匡通）

約70種いるイルカ類のほとんどは海で生活しているが、淡水に暮らすものもいる。南米を流れるアマゾン川に生息するアマゾンカワイルカ（写真1）や、インド北東部を流れるガンジス川に生息するガンジスカワイルカ（写真2）などのカワイルカの仲間だ。

カワイルカ類は、絶滅の危機にさらされている。ヒトの生活圏に近い河川は、工場排水などによる水質汚染や、ダム建設の埋め立て、漁業の網に引っかかる混獲、船との衝突など、人間活動の影響をとくに受けやすい環境だからだ。ざんねんなことに、2007年には、中国の揚子江に生息していたヨウスコウカワイルカが絶滅した可能性が高いと報告された。ガンジスカワイルカやアマゾンカワイルカも、環境の悪化により、個体数が減少している。

見えないのなら、耳を澄まそう

彼らを絶滅から守り、彼らと共存するには、その生態や行動を理解して、人間活動による悪影響を減らし、生息環境を守らなければならない。しかし、彼らは濁った水の中で暮らしているので、呼吸のために浮上したときにしか直接の観察ができず、水中での行動や夜間の行動はほとんど謎のままだった。

そこで私たちが目をつけたのは、彼らのエコーロケーション（反響定位）とよばれる行動だ。濁った水の中では視覚は意味をなさないからか、彼らの視覚は退化し、ほとんどつかえない。そのため、頭部からひんぱんに超音波を発して、その反響を頼りにものを探索している。このときに発される超音波をステレオ式音響データロガーで記録すれば、カワイルカの水中での動きを推定できる。

「危険を回避する」という保全策もある

調査の結果、ガンジスカワイルカは夜間に長距離の移動や採食と思われる行動をするいっぽう、昼間はおそらく休息のために比較的狭い場所に長時間とどまる傾向があるとわかった。予想に反し、夜間に活動的になることが明らかになったのだ。漁網による混獲や船との衝突を減らすには、夜間の漁業活動や航行の制限が有効な手段だといえる。

いっぽう、アマゾンカワイルカは、昼と夜とで活動の違いはなく、さまざまな時間帯に採食や休息、社会行動をとるが、その活動域は昼夜で変化することがわかった。昼間はおもに河岸近くの浅い場所や浸水林（増水期に浸水する森）で活動し、夜は深くて流速の遅い合流点などを利用するのである。つまり、アマゾンカワイルカの保全には、この2つの活動域の環境を守ることが有効といえる。

音響データロガーの調査でわかったことは、彼らの生態のほんの一部分だ。カワイルカ類を絶滅から守り、彼らと共存するには、新しい方法をつかって、彼らが「いつ・どこで・なにを」しているのかという基本的な生態情報を地道に集め、理解を深めることが重要である。

（山本友紀子、幸島司郎）

動物たちはどこにいる?

ミナミハンドウイルカのお引っ越し

背びれや胸びれの欠け、体表面の傷などを自然標識として、
個体識別に使用する(写真提供・御蔵島観光協会)

ミナミハンドウイルカ

絶滅危惧レベル **Near Threatened** NT

学名 *Tursiops aduncus*
分類 鯨偶蹄目ハクジラ亜目マイルカ科ハンドウイルカ属
生息地 太平洋からインド洋にかけての熱帯温暖域
調査地 東京都御蔵島村

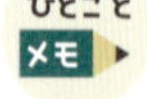

水族館のイルカショーでもおなじみのハンドウイルカの近縁種。ハンドウイルカよりも体がひとまわり小さく、くちばしは少し長く、成長するとお腹に斑点が出てくるのが特徴。

ミナミハンドウイルカが棲む御蔵島は、周囲およそ17kmの小さな島だ。東京港から夜行フェリーで南に7時間半ゆられた伊豆諸島に浮かんでいる。島の沖200mの海域には、130頭ほどの野生のイルカが定住し、夏にはイルカといっしょに泳ぐドルフィンスイムを目当てに、毎年8,000人もの観光客が訪れる。

引っ越したイルカを探せ！

御蔵島では、1994年に有志によるイルカの個体識別調査がはじまったあと、2010年からは御蔵島観光協会が主体となって調査がつづけられている。イルカと泳ぎながら水中撮影した映像をもとに、背びれの欠けや体の傷で個体を識別し、母子関係や年齢などを記録する。調査をつづけるうちに、御蔵島に定住するはずのイルカたちが、離れた場所で目撃される例(移出)がいくつも報告された。この移出は他海域に棲むミナミハンドウイルカでも確認されており、熊本県天草沖の個体が、京都府や能登半島周辺で目撃されるなどの例がある。しかし、どのような個体がどのような理由で移出するかはわかっていない。

そこで、どのイルカがいつ・どこに・なぜ移出したのかを調べることにした。ダイビングショップの発信するブログやSNSに載せられたミナミハンドウイルカの写真を提供してもらい、記録データと照らし合わせて個体の識別をすすめた。

その結果、これまでに御蔵島で観察された個体277頭のうち、41頭が移出していたことがわかった。このうち、ふたたび御蔵島で観察されたのは6頭だけ。いちど移出した個体の多くは御蔵島にはもどってこないようだ。もっとも遠い移出先は和歌山県で、御蔵島からおよそ400kmも離れていた。

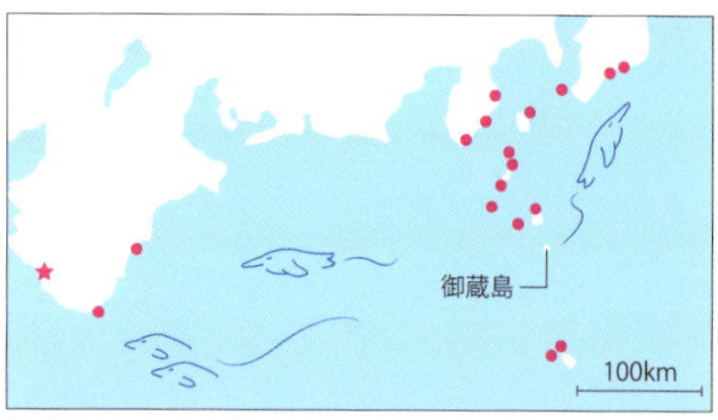

御蔵島のイルカを確認した場所。いちばん遠いのは図の★で、390kmはなれた和歌山県田辺市である(2014年現在)

移出後の足どりもさまざまで、移出先にそのまま居つく場合と、しばらくしてどこかに行ってしまう場合とがある。御蔵島からの移出個体が伊豆諸島の離島に居ついて繁殖していることもわかった。1頭だけではなく、仲間と連れだって移出することもある。移出後に群れの構成メンバーと別れたり、しばらくして合流したりする例もあった。不思議なことに、移出先では御蔵島出身の個体どうしでしか交流していないようなのだ。私たちのようにスマートフォンで連絡をとりあうこともできないのに、どうやって仲間と合流しているのだろうか。

引っ越し理由は住み心地?

ほかの地域のミナミハンドウイルカは1km^{2}に1頭ていどの密度で生息することが多いが、御蔵島ではおよそ20km^{2}の海域に130頭のイルカが棲んでいる。

調査によると、年によって移出個体数に差がある。興味深いことに、移出個体数の多かった年は、観光客数も御蔵島で識別された個体の数も最大だった。移出の理由として、増加する観光客を嫌った、あるいはイルカの増加で活動領域が窮屈になったことが考えられるが、その要因はいまだ不明である。さらに研究をすすめ、すこしでも移出の謎に迫りたい。

(辻 紀海香)

動物たちはどこにいる？

雲南シシバナザルの秘めた生活

雲南シシバナザルは、19世紀末になるまでその存在が確認されていなかった「幻のサル」である。1890年に中国を訪れ、雲南省の白馬雪山の山で狩りをしていたフランス人宣教師のビエ氏が、偶然にこのサルを見つけた。これが世界初の発見だった。それから127年たった現在も、このサルを飼育するのは中国の2つの動物園のみで、その生態はいまだ謎に満ちている。

雪山の精霊は雪が好物

野生のシシバナザルの住処は、人里からはるか離れた幻想的な山の中だ。現地の人たちはこのサルを「雪山の精霊」とよぶ。中国語表記も「雪山精霊」と書く。標高3,000mから4,400mの高山地帯に暮らし、冬にな

ると雪に覆われる厳寒の環境に生きている。すべての霊長類の仲間のなかで、もっとも高地に棲むサルである。

私は雲南省北部の老君山（らおちゅんさん）で、「雪山の精霊」を調査している。ここは三江併流の世界自然遺産の中心部である。冬にはサルたちの食べものは極端に少なくなる。そんなとき、彼らがいちばん好むのは木の幹につく地衣類だ。冬には川が凍りついてしまうので、飲み水を探すのもひと苦労だ。そこで雪山の精霊たちは、雪を食べて水分を補給する。そのようすを観察していると、水分補給というよりは、たんに「雪が好きでたまらない」ようにもみえる。近くに川があるにもかかわらず雪を食べている姿をなんども見かけた。まるで、人間の子どもがうれしそうにかき氷をほおばるように……。

空腹と寒さに耐えつつ見たものは……

標高約4,000mの雪山での調査は過酷である。あまりに雪が深すぎて前に進めず、麓の調査基地にもどれなくなったことがある。その日は、3日間のテント泊を続けながら雪山を歩きまわって、私はとても疲れていた。日が暮れる前に調査基地にもどって、一刻もはやく体を温めたかったのだが、あまりの積雪量に下山を断念した。

やむなく、近くの洞窟で一泊することにした。洞窟から外を眺めていると、遠くに雲南シシバナザルの群れが見えた。大きな木の上で、10個体くらいが集まっている。文字どおり肩を寄せ合い、互いの体を温めあっていた。サルたちの頭には雪がうずたかく積もっている。まるで粉砂糖をたっぷりとふりかけたドーナツのようだ。それをぼんやりと眺めている私は、とにかく寒くて空腹だった。

天候が落ち着いたのをみはからって、私は一目散に下山し、街に出た。そして、まっさきにドーナツ屋に飛び込んで、大きなドーナツを注文した。口いっぱいにほうばりながら、山中で見た雲南シシバナザルの姿がなんども浮かんだ。

雲南シシバナザルは、毛皮を求める人間による狩猟や、生息地の森林伐採の影響で、数は激減し、絶滅の危機に瀕している。中国は国をあげて保護政策に取り組んでいる。雪山の精霊たちが雲南の山々で暮らしつづけられることを願う。

（LIU Jie）

ウンナンシシバナザル 絶滅危惧レベル Endangered EN

学名 *Rhinopithecus bieti*
分類 霊長目（サル目）オナガザル科シシバナザル属
生息地 雲南省北西部およびチベット南東部
調査地 雲南省老君山国家公園

中国雲南省の調査地の雪景色

▶イルカ

済州島の母イルカ、サムパルが連れてきた幸運

韓国済州島にはミナミハンドウイルカの小さな群れが棲んでいる。私はこのイルカたちが、どのような場所でどのように暮らし、いつ・なにを食べているか、どのような音を出しているかなど、基本的な生態を調査している。

同じミナミハンドウイルカでも、済州島のイルカは、日本のイルカ（36、84ページ）のように人に慣れていない。群れといっしょに泳ぐことも、ボートで追跡することもできないが、彼らは海岸近くに暮らしているので、そのようすは沿岸から観察できる。

観察のときに重要なのは、背びれの形の違いで識別する個体情報だ。海岸からイルカの姿を見つけたらすぐ、すべての個体の背びれ写真を撮影する。1日に少なくとも1,000枚は撮影しているだろう。あとで写真を確認し、いつ・だれが・どこにいたかを記録する。

Mi Yeon KIM

フィールド
韓国 済州島

対象動物
ミナミハンドウイルカ

野生復帰したイルカが出産した!

2013年から2017年にかけて、違法に捕獲され飼育されていたミナミハンドウイルカ7頭を、済州島の野生の群れにもどす試みがあった。このうちの1頭は、サ

赤ちゃんを連れたチュンサム（右）

ムパルと名づけられたメスのイルカだった。
　サムパルが野生にもどってから、約3年後の2016年3月28日、その日の調査を終えて写真を見直していると、見慣れない小さな背びれを見つけた。サムパルのとなりに赤ちゃんイルカが泳いでいたのだ。サムパルの出産は、野生復帰プロジェクトの成功の証となる。慌てた私はやや興奮しつつ、すべての写真を見直した。すると、赤ちゃんを連れたサムパルの写真がほかにも数枚見つかった。
　それからの2週間は大忙しだった。赤ちゃんイルカが見えるたびに撮影し、チームの仲間といっしょに毎晩、約5,000枚もの写真を確認した。睡眠不足にはなったが、調査期間が終わるころには、充分なデータが得られた。3月28日から4月15日までの19日間のうち、サムパルが発見されたのは計7日で、いつも赤ちゃんと泳いでいた。野生復帰したイルカの繁殖を、私たちは世界ではじめて確認できたのだ。
　数か月後には、さらにべつの野生復帰した個体チュンサムの繁殖も確認された。この2頭のコドモたちはいま、母親のかたわらで元気に育っている。

背びれにも個性がある。この違いをもとに個体を識別する

　人に慣れておらず、調査記録も少ないミナミハンドウイルカの野生群の調査は難しいが、ささやかながら価値の高い成果を得られることに、大きなやりがいを感じている。

フィールド生活 1・2・3

1：私の装備品
2：フィールドごはん
3：寝床、トイレ……生活あれこれ

1 済州島の調査では、その内容によってさまざまな機材を使い分ける。まずは車中から双眼鏡でイルカを探し、見つけたら400mmの望遠レンズで撮影する。ドローンを飛ばして上空から撮影したり、自動録音装置を水中にいくつも設置し、イルカの音声を記録したりする。

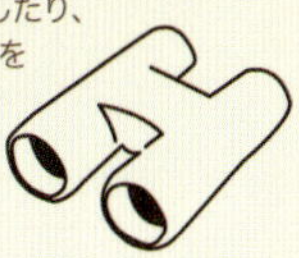

2 フィールドワークの朝は早い。朝食はたいてい、フルーツと目玉焼きとパン。調査中はイルカたちから目が離せないので、朝にできるだけたくさん食べて、昼食は果物や生野菜、クッキーなど、車内でも食べられるものを用意する。トイレに行くのも惜しいので、水分を取り過ぎないようにしている。

3 フィールドワークは体力勝負。長期にわたる調査では心身ともに健康を保つことが大切だ。毎朝30分ほどヨガで体をほぐし、週に数回は、宿舎のちかくをジョギングしたり、ウォーキングしたりしている。

研究手法 01

環境DNA

水中には見えない痕跡がいっぱい?!

近所の池の水や庭の土などには、周囲に棲む生物がさまざまなかたちで体外に放出したDNAのかけらがのこされている。海や川、土などから抽出されたDNAは環境DNAとよばれ、いわば、生物たちの足跡だ。この環境DNAの「生物種情報」を活用すれば、その環境中に生息する生物の種を、水や土を採取して分析するだけで推定できるのだ。

魚の調査で大きな実績

池の中にどんな魚が棲んでいるかを調べるには、これまでは生きものを捕獲するか、水に潜って目で確認をしなければならなかった。とうぜんながら、これらの方法で調査をつづけるには、多くの時間とお金が必要だ。

そこで、短時間かつ少ない費用で調査ができるのが、環境DNAを利用した手法だ。水槽での検証実験では、その環境に棲む9割以上の魚が検出できるという報告があり、海での調査でも8割以上の魚が検出できた。しかも、これまでその場所に生息することが知られていない種まで発見された。

外来生物のモニタリングにもってこい

池や川から採取した環境DNAには、魚のDNAだけではなく、周囲に棲む哺乳類のDNAもふくまれている。私は環境DNAを活用して、京都市を流れる鴨川に暮らすヌートリアの分布域を調査している。

ヌートリアは、特定外来生物に指定されている哺乳類だ。鴨川周辺で繁殖して、農作物に被害を与えたり、鴨川の生態系を大きく乱す可能性があるので、近年、問題視されている。川の環境DNAをつかって生息分布域を把握できれば、生態系の維持に役だてられるかもしれない。生物の分布や生息数を監視するモニタリングは、継

川の水を採水しているようす。ヒトのDNAが交じらないように手袋を付け、消毒したバケツを使う

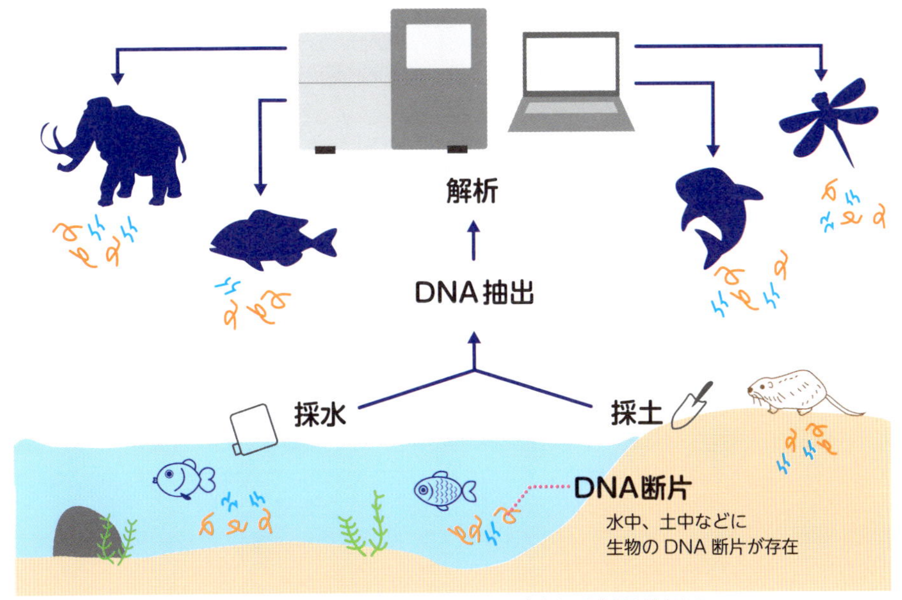

環境DNA解析の全体像のイメージ。水や土に含まれるDNAから、そこに生息する生物種を推定する

続が必要なので、データ採取に特殊な知識が要らない環境DNAをつかった調査が適している。かんたんにはじめることができる環境DNAをつかった外来生物のモニタリングは、世界的にも一般的な手法となりつつある。

環境DNAのいろんなつかいみち

マレーシアの熱帯雨林でも、森の中の塩場(しおば)に集まる動物種の推定に環境DNAを活用している。自動撮影カメラでも同様の調査ができるが、カメラの撮影範囲やセンサーの性能の問題から、とくに小型の動物の撮影や種の決定がむずかしいとされていた。環境DNAをつかえば、そういった種も判別できるのだ。

環境DNAは、実用化がはじまったばかり。その活用法について、世界各国の研究者が知恵を絞っている最中だ。魚の種名だけではなく生息数まで推定できたり、海に棲むジンベイザメの多様性がわかったりと、次つぎに新しい成果が発表されている。こんごの展開がとても楽しみな技術だ。

（松島 慶）

用語解説

生物種情報
あらゆる生物がもっているDNAには、「ほとんど同じだが、ちょっとだけ違う」という部分が存在する。その部分をくらべることで、そのDNAがどの生物から得られたものかがわかる。

モニタリング
生息域や生息数の継続的な調査のこと。生息域の拡大や縮小、生息数の増減を検出できる。

特定外来生物
もともと日本にいなかったのに、なんらかの理由で日本に棲み着いたのが外来生物。なかでも、昔から棲んでいる在来生物を食べたり、住処を奪ったりして、従来の生態系を大きく改変してしまう要因となる生物を、国が「特定外来生物」と定めている。

塩場
熱帯雨林の中には、動物が集まる「塩場」とよばれる場所がある。ふだんの食事では得られないミネラル成分を取りに来るためだといわれているが、ほかにも役わりがあるかもしれない。

進化しつづける類人猿施設

日本の約50の動物園で、ゴリラやチンパンジー、オランウータンなどの大型類人猿が暮らしている。動物園に通い慣れている人なら、種によって飼育施設の形態が異なることに気づいているかもしれない。

かつてこの3種は、「類人猿施設」とよばれる飼育施設で同じように飼育されていたが、近年は、それぞれ種の生態や行動特性に適した施設が用意されるようになってきた。

たとえば、群れで暮らすゴリラとチンパンジーは、できるだけ複数の個体がいっしょにすごせるような広い施設が望ましい。いっぽう、単独で暮らすオランウータンは、野生ではほとんどの時間を高い木の上ですごし、地面を歩くことはまれである。高い場所に自由に移動し、そこで休んだり遊んだりできるように、広いだけでなく上方にも移動できる立体的な施設がふさわしい。

これは行動展示とよばれるもので、動物の能力を、みずから最大限発揮することができ、それを観客にも見せるようにくふうしたものである。動物園だけでなく、水族館などでも積極的に取り入れられていて、北海道の旭山動物園の「ペンギンの散歩」もその一例である。

野生での生息環境を再現する試み

多摩動物公園（東京都）の「スカイウォーク」は2005年に完成した。9基のタワーを支柱にして、地上15mの高さに、全長

1.5m幅に張ったロープをつたって移動する5歳のコドモ（写真提供・（公財）東京動物園協会）

150mにわたってロープが張ってある。これをつたって、オランウータンたちは獣舎と放飼場とをいつでも自由に行き来できる。

きっかけとなったのは、米国のワシントンD.C.にある国立動物園だ。世界ではじめて、オランウータンを類人猿舎から学習施設に移動させる展示に成功したが、その目的は、オランウータンを学習施設まで移動させることにある。いっぽう多摩動物公園のスカイウォークは、移動の目的もタイミングも距離も、すべてオランウータン自身の意志に委ねているという点で画期的だ。

ところが、人間側の思惑とはうらはらに、スカイウォーク完成後、オランウータンたちはなかなかロープを渡ってくれなかった。ロープの終点が見えないことが不安だったのだろうか、好奇心旺盛なコドモが渡ろうとするのを母親が止めることもあった。とくにオスは慎重で、なんどもロープを確認するものの、渡ることはなかった。タワーの上にバナナを置いたり、渡りやすいように補助ロープを何本も設置したりしたが、なかなか反応を示さなかった。ところが、1か月以上たったある日、5歳のコドモがはじめてロープを渡ったのを機に、みんながいっせいに渡りはじめたのである。

野生のオランウータンは、20mほどの高さで、手と足をつかった樹間移動をする。これをブラキエーションという。多摩動物公園の雑木林には50本の樹木があり、野生と同じようにブラキエーションで移動する姿が見られるようになった。スカイウォークを設置したことで、行動レパートリーがあきらかに増えたのだ。

私たちのこの試みは、日本だけでなく海外の動物園関係者たちにも評価され、スカイウォークを模倣・改良した施設が韓国やメキシコにもつくられ、2020年春にオープンしたニュージーランド・オークランド動物園のスカイウォークはかなり改良されている。多摩動物公園の施設は、いまや世界基準になろうとしている。

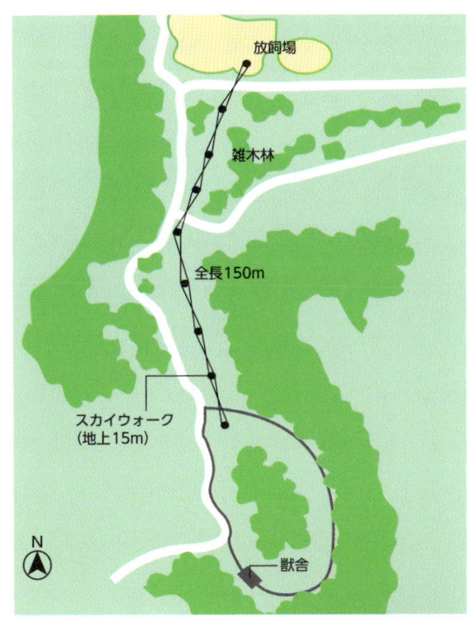

150mかけて飛地内にある最後のタワーに向かうオトナのオス。この先には彼らが楽しく遊べる高さ25mほどの雑木林がある〈写真提供・(公財)東京動物園協会〉

動物園のオランウータンたちは、そのほとんどが野生を知らない動物園生まれの個体だ。けれども、こうした新施設ができたことで、野生本来の樹上生活を送れるようになった。ロープを行き来して飛地で自由気ままにすごす彼らは、じつに楽しそうである。

（黒鳥英俊）

食べる・食べられる

意外にアクティブなスナメリの狩り

左／水族館のスナメリ(マリンワールド海の中道で撮影)

下／ドローン映像がとらえたスナメリと魚群と海鳥

スナメリ

絶滅危惧レベル Endangered EN

学名 *Neophocaena asiaeorientalis*

分類 鯨偶蹄目ハクジラ亜目ネズミイルカ科スナメリ属

生息地 中国沿岸から朝鮮半島を経て日本沿岸海域

調査地 熊本県宇城市三角町三角港

スナメリは全身灰色で顔が丸く、背びれがないイルカの仲間。水深50mよりも浅い砂地を好み、中国では川にも生息する。日本では港の近辺での目撃が多い。

スナメリは小魚やエビ類を好んで食べる。これは岸に打ち上げられた死体の解剖結果からわかっていた。しかし、どうやってエサを捕まえるのかは、研究者たちの長年の疑問だった。水の中は遠くまで見渡せないうえに、泳ぎの得意なスナメリを泳いで追うのはむずかしく、水中観察は不可能だ。沿岸や船上からではスナメリの行動はほとんど見えない。灰色の体は水面の反射光や波間に紛れやすく、その姿を発見することすらむずかしいからだ。

ドローンの映像の衝撃

ある日、熊本サンクチュアリ（110ページ）から一つの映像が送られてきた。近くの港でドローンを飛ばすと、海面をスイスイとメダカのように泳ぐ生物が撮れたらしい。スナメリだった。

青い海に白っぽい体色が映える。20頭以上ものスナメリと魚群、そこに群がる海鳥までもがはっきりと映っていた。「この方法なら、発見しづらいスナメリの観察ができる！」。勇みたった私たちは、すぐに調査をはじめた。

ドローンの映像を見てまず驚いたのは、その頭数だ。沿岸からの観察で見つかるスナメリは、たいていが1〜3頭で行動をしているが、上空から眺めた三角（みすみ）の港には、最大63頭ものスナメリがいちどに姿を現した。3日つづけて50頭以上いることもあった。

午前にはほとんど姿を現さないが、正午過ぎから日没にかけて、どんどん数が増えた。波の抵抗を減らすためか、潮の速い場所で泳ぐときは数頭が斜めに並び、魚群に向かうときは横並びに拡がる。

群がり・蹴飛ばし・諦めず

よく見ると、スナメリは左右を交互に見渡しながら、加速と急停止をくり返している。なにかを追っているのか、スナメリの頭上で水面がキラリと光った。と、次の瞬間、スナメリは横向きのまま、そのきらめきに向かって尾びれをふった。勢いよくしぶきがあがったかと思うと、3mほど先に魚が吹っ飛んだ。尾びれがクリーンヒットしたのか、魚は海面に浮かび動かない。スナメリはそれをパクパクと食べ、すぐにべつの魚を探しはじめた。

鯨類では、シャチが群れた魚を尾びれで叩いてから食べることが知られている。大きな体とパワーをつかい、かんたんに魚を失神させる。いっぽう、目の前のスナメリは小さな体で1匹ずつ魚を蹴飛ばしていた。サッカー選手のように尾びれで魚を蹴り、ダッシュで追いかける姿は、のんびりとしたスナメリのイメージをくつがえした。

狙った魚に尾がうまくヒットしなくても、その衝撃で魚の動きが鈍るのかもしれない。尾を振ったあと、風車のように体をくるりと回転させて、魚をすばやく口で捕らえようとする場面も見られた。魚を蹴っては回り、蹴っては回り、1分以上も粘り強く追いつづけ、最後には口からはみ出るほどの大きな獲物を捕らえたものもいた。機敏な動きで懸命に魚を追うスナメリの行動に、手に汗を握った。

コドモも魚を飛ばせるのか、魚の大きさによって食べ方は違うのか。観察をつづければ、ひとつずつ疑問が解決できるだろう。どんどん調査域を拡大して、ほかの地域ではどんな食べ方をしているのかも調べてみたい。

（榊原香鈴美）

魚を捕らえたスナメリ（撮影・森 裕介）

食べる・食べられる

ウミヘビという「ややこしい」生きもの

クロボシウミヘビが餌を丸呑みにしているようす。ヘビだけあって、自分の頭より大きいサイズの餌でも楽々飲みこんでしまう（写真提供：岸田拓士）

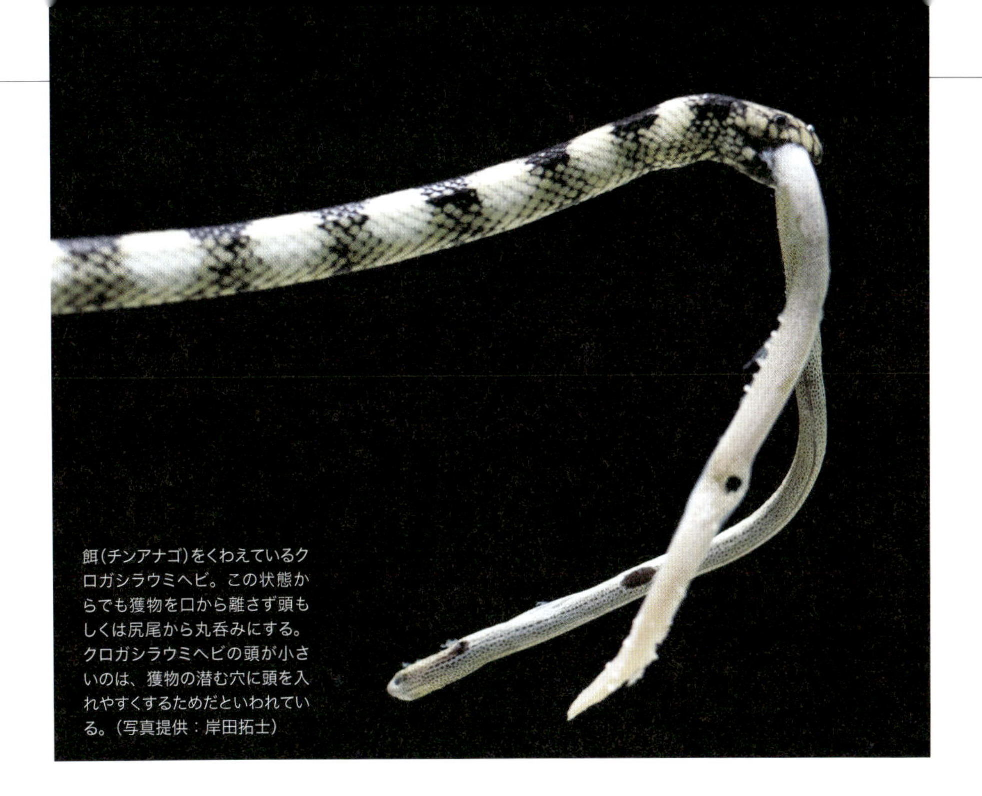

餌(チンアナゴ)をくわえているクロガシラウミヘビ。この状態からでも獲物を口から離さず頭もしくは尻尾から丸呑みにする。クロガシラウミヘビの頭が小さいのは、獲物の潜む穴に頭を入れやすくするためだといわれている。(写真提供:岸田拓士)

「うわっ。気持ち悪い!」、「猛毒をもっているんでしょ? こわ〜い」。これは私が水族館のウミヘビ水槽の前で観察に勤しんでいたときに、なんども聞いたことばである。気持ち悪いかどうかはさておき、猛毒なのは事実であるし、研究対象としてひいき目に見ても、チンアナゴのような人気者になる可能性は低いと言わざるをえない。しかし、そんな日陰者にも、よく知るとおもしろい部分がたくさんあるのだ。

「ガブリからのゴクリ」の妙技

そもそも海中に棲むウミヘビは、魚なのか、ヘビなのか? 結論をいうと、彼らは爬虫類のヘビ、それもコブラの仲間である。もともとほかのヘビ類と同じく陸上で暮らしていたヘビの一種が、長い時間をへて海で暮らすように進化したのがウミヘビである。よって、呼吸は肺呼吸。30分から1時間に1回は海面に顔を出して息を吸う。

食べものは海の中で探す。陸のヘビは、

小型の哺乳類や鳥類、爬虫類などを食べるが、ウミヘビのおもな食べものは魚である。猛毒の牙で魚に噛みつき、頭あるいは尻尾から丸呑みにする。しかし、ときに狙いが外れて、魚の胴体の真ん中に噛みついてしまうこともある。そんなとき彼らは、獲物に噛みついたまま口の位置をすこしずつずらして、頭か尻尾に到達し、やはり丸呑みにするのである。この圧巻のスゴ技は一見の価値あり。ヘビ嫌いの人にも、ぜひ見てほしい。

おもしろいことに、70種以上いるウミヘビは種類によって食べる魚が違う。ある特定の種類しか食べないグルメなウミヘビもいれば、選り好みせずなんでも食べる健啖家もいる。なぜこんな違いがあるのか。彼らの奇妙なグルメライフを探るべく、研究をはじめた。

好みの魚を嗅ぎわける能力

日本でよく見られる約7種のウミヘビのなかに、クロガシラウミヘビとクロボシウミヘビという種類がいる。この2種は一見するとよく似ているが、食べる魚の種類がまったく違う。クロガシラウミヘビはアナゴのような細長い魚ばかりを選り好んで食べる〈グルメタイプ〉、クロボシウミヘビはハゼ、ベラ、ブダイの仲間など、いろいろな魚を食べる〈なんでもタイプ〉である。

さまざまな種類の魚の粘液をガーゼに取り、これら2種のウミヘビたちの前にさしだしてみた。すると、グルメタイプのクロガシラウミヘビはアナゴの粘液だけによく反応したが、なんでもタイプのクロボシウミヘビは、さまざまな魚の粘液に反応した。粘液の見た目は同じ。違いがあるとすれば、匂いだけだ。たとえばクジラのように、陸上から海にもどった脊椎動物は嗅覚を失うことが多いが、ウミヘビたちは匂いをかぐ能力を保っていて、匂いも手がかりにして獲物を探しているといえそうだ。

クロガシラウミヘビは特定の魚(アナゴ類)を高い効率で捕まえるという戦略をとるいっぽうで、クロボシウミヘビはいろいろな魚を餌とすることで餌と出会う確率を上げる。海という新しい環境で生きてゆくには、どちらの選択も理にかなっているように思える。さらに研究がすすめば、どうして同じようなウミヘビが異なる戦略をとるのかという謎を明らかにできるはずである。

(沓間 領)

クロボシウミヘビ(上)とクロガシラウミヘビ(下)(写真提供：岸田拓士)

クロガシラウミヘビ 絶滅危惧レベル Data Deficient DD

学名 *Hydrophis melanocephalus, H. ornatus*
分類 有鱗目ヘビ亜目コブラ科ウミヘビ属

クロボシウミヘビ 絶滅危惧レベル Least Concern LC

生息地 種によって異なる。おもに太平洋西部の熱帯から亜熱帯にかけての沿岸域
調査地 神戸市立須磨海浜水族園、沖縄本島、八重山諸島

食べる・食べられる

ネオンテトラの青い衣装は、鏡に映ってこそ映える

幼いころから色とりどりの生きものに惹かれてきた。なかでもネオンテトラやカージナルテトラなど、青く輝く小さな魚がお気に入り。

大学で「好きな生きものを研究すればよい」と言われてまっさきに思いうかべたのが、この魚たちだった。ずっと気になっていたことがあったからだ。夜、蛍光灯のもとで見ると、体の色がくすんでいるのだ。敵の目から隠れるなら地味な色のほうがよさそうなのに、昼間の彼らはなぜ、派手な色をしているのか。そもそも、彼らはどんなところに棲んでいるのか。水槽の中で美しく光る魚たちを眺めては、彼らのふるさとに想いを馳せた。

昼間は着飾り、夜は地味にすごす

ネオンテトラの原産地は、ペルーのアマゾン川流域。こんな魚たちが泳ぐアマゾン川は、どれほどすごい場所なのか。「これはもう、自分の目で確かめるしかない」と、全財産をはたいてペルーに飛んだ。

夢に見たアマゾン川は、水族館で見た熱帯魚はもちろん、日本ではめずらしい肉食魚もそこらじゅうにいた。こんなところで、小さくて派手な魚がなぜ生き延びられるのか、ますますわからなくなった。

野生のネオンテトラを見つけたのは、浅い水溜りのような場所。その水はまるで紅茶のように透きとおった茶色だった。驚いたことに、そこにいるネオンテトラは、水槽の中で見るような鮮やかな色をしていなかった。

日本に帰って、彼らの体に現れる青いストライプ状の模様の構造をくわしく調べたところ、ストライプは水平より上に強い光を反射

ネオンテトラ

学名 *Paracheirodon innesi*
分類 カラシン目カラシン科パラケイロドン属
生息地 アマゾン川上流域 *1
調査地 ペルーおよびブラジル（アマゾン川流域）

ネオンテトラはアマゾン川上流域原産の小型カラシン。美しい熱帯魚として世界中で飼育されている

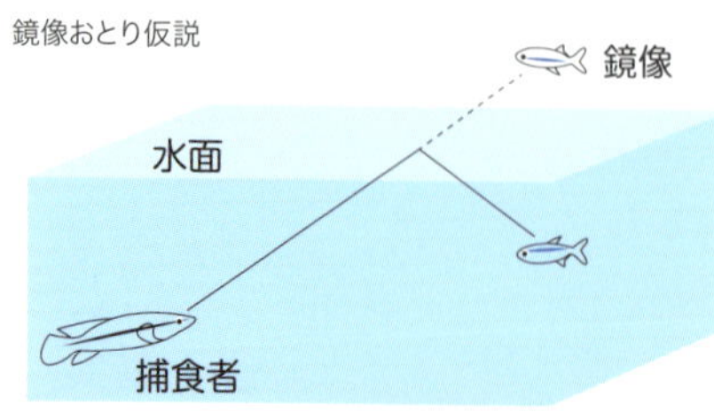

しており、それ以外の角度ではあまり明るく見えないことがわかった。斜め上？　なぜ？謎は深まるばかり。

鏡に映る派手な姿で敵を惑わす

ある夜、水槽に入れたネオンテトラをぼんやりと眺めていると、ふと気づいた。水面より

ネグロ川はブラックウォーターが流れるアマゾン最大の支流。
多くの観賞魚の原産地でもある

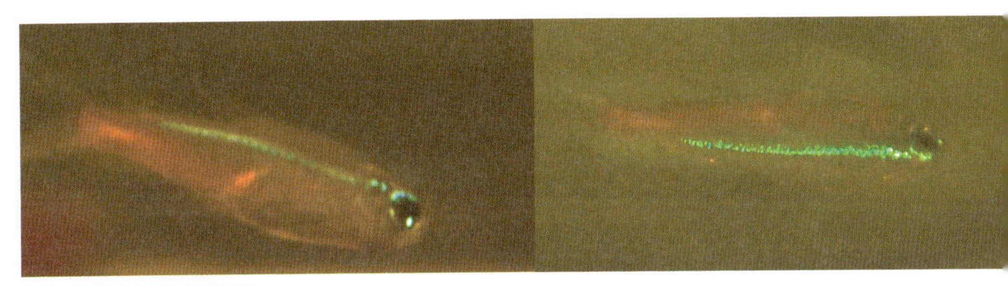
ネオンテトラ（左）とその鏡像（右）

も下の角度から彼らを見上げると、鏡像が水面に映る。しかも、本体よりも明るい青色だ。

もしかして、ネオンテトラの青いストライプは、水面に明るく鮮やかな鏡像を映しだし、襲いくる捕食者を撹乱させるためなのではないか。しかも、現地の茶色い水の中では、本体と鏡像との違いが顕著になり、より効果が高まる可能性も考えられる。私たちはこの新しい〈対捕食者体色仮説〉を「鏡像おとり仮説」と名づけた。

アマゾン川での調査をとおして、「川の水はかならずしも透明ではない」という事実を知った私はいま、川の水の色と魚の色との関係を調べている。

じつは、ネオンテトラの生息地のアマゾン川も、カラフルな熱帯魚の産地として知られるアマゾン川支流のネグロ川も、ブラックウォーターとよばれる茶色い水が流れている。ブラックウォーターの中はまるで「色つき眼鏡」をかけたような世界。ここでは色のもつ意味が陸上とは大きく異なるに違いない。この茶色い水こそが、カラフルな熱帯魚たちを育んだのだと思っている。

（池田威秀）

研究手法 02 ゲノム

ゲノムから探るクジラの進化

かつて京都大学カラコルム・ヒンズークシ学術探検隊を率いて中央アジアに小麦の起源を探索した木原均博士は、「地球の歴史は地層に、生物の歴史は染色体に刻まれている」ということばを残した。このことばは、染色体の実態が明かされたいまでも充分に通用する。すべての生物の染色体――ゲノムには、その生物がたどった歴史が刻まれている。

鯨類は偶蹄類から派生した

イルカやクジラは、サメなどと似た姿をしているが、魚類ではなく哺乳類に分類される。この事実は紀元前から知られていたが、同じ哺乳類であるウマやサルなどとはかけ離れた姿かたちをしている鯨類がどのように登場したのかは、長いあいだ謎であった。

最初の手がかりは、分子系統学によってもたらされた。鯨類のゲノム配列はウシやシカなどの偶蹄類と似ており、なかでもとくにカバとの共通点が多い。鯨類は偶蹄類の仲間から派生したのだ。

「遺伝子の死体」が語る鯨類の嗅覚の退化

生命の系統樹のなかの鯨類の位置が定まったことで、哺乳類離れした鯨類の諸形質を進化の視点から研究する道が拓かれた。だれと比較すべきかがはっきりしたのだ。

鯨類と偶蹄類とは鼻の形態が大きく異なる(写真1)。くわえて、偶蹄類の嗅神経は発達しているが、鯨類では大幅に退化している。では、鯨類の嗅覚能力はどうなっているのだろうか。嗅覚にかかわる遺伝子を偶蹄類と鯨類とで比較したところ、鯨類の遺伝子の多くは、タンパク質をつくりだせない壊れた配列――いわば「遺伝子の死体」であった。鯨類の嗅覚の退化はゲノムに明瞭に刻まれていた。私がこの研究を発表したのは2007年。おりしも「次世代シークエンサー」が初めて市場に登場した年であった。

陸から海への移住がもたらしたもの

抽出したDNAをいちどに大量に解読する――かんたんに言えば、これが「次世代シークエンサー」の機能のすべてである。だが、この機械の応用範囲は広い。生物個体のゲノム解読はもちろん、環境中に存在する雑多なDNAを網羅的に解読したり、化石に残された微量のDNAを読むこともできる。私もこの機械を使用して、クロ

パキスタンのパンジャーブ地方のおよそ5,000万年前の地層から出土した、クジラの祖先イクチオレステス(鯨偶蹄目ムカシクジラ亜目パキケトゥス科)の頭蓋骨(とうがいこつ)。陸上と水中を行き来して生活していた。この個体の遺伝情報を直接読める日は来るのだろうか。ちなみに、執筆現時点でゲノムが解読されている最古の化石は、カナダ極北の70万年前の地層から発見されたウマである

写真1　ハンドウイルカ(鯨偶蹄目ハクジラ亜目)の鼻孔。他の哺乳類と異なり、鯨類の鼻孔は頭頂部に存在する。ヒゲクジラ類には鼻の孔は二つあるが、ハクジラ類の鼻孔は一つしかない

ミンククジラのゲノムの全長を解読した。その結果、鯨類は腐敗物や天敵の臭いを受容する遺伝子をすべて失っていたことがあきらかになった。

技術の発達は著しい。ついには手のひらサイズのシークエンサーまで登場した。多くの生物種間でゲノム全長の比較を行なうといった、数年前までは夢でしかなかった研究の多くも、いまではだれもが実現可能となった。でも、フロンティアはまだまだ拡がっている。いまからおよそ4～5,000万年前の始新世初期に、鯨類の祖先は海へと移住した。哺乳類離れした鯨類の諸形質の多くは、このときに獲得されている。鯨類のゲノムもまた、このときに大きな変革を遂げたはずである。しかし、いまの技術では、せいぜい数万年前のDNAしか読むことができない。始新世のクジラの祖先の遺伝情報を読める日は、いつかやって来るのだろうか。

（岸田拓士）

用語解説

クロミンククジラ
鯨偶蹄目ヒゲクジラ亜目ナガスクジラ科に属する大型の鯨類。南半球に広く分布する。北半球に分布するミンククジラと近縁である。学名は*Balaenoptera bonaerensis*。

次世代シークエンサー
従来のサンガー法に代わる方法でDNAの塩基配列解読を行なうシークエンサー（塩基配列解読機）の総称。サンガー法を利用したシークエンサーがあまりに広く普及したため、「サンガー法の次の世代のシークエンサー」という意味でこうよばれるようになった。

分子系統学
DNA配列やアミノ酸配列などといった遺伝因子の類似性に基づいて、生物種間の分岐の順序や年代などを解き明かそうとする学問分野。

食べる・食べられる

「うんこ」でつながるビントロングと絞め殺しイチジク

世界最大のイチジク(*Ficus punctata*)を採食後に樹上で休息するビントロング(写真提供・Marty Marianus)

発達した犬歯と、樹上生活に適した長い鉤爪をもつビントロング。その屈強な見た目とはうらはらに、食べものの80%以上がイチジクの仲間の果実である。

世界に約750種あるイチジクの仲間のうち約300種は、ほかの樹種にとりついて生きる半着生型である。代表的なものは「絞め殺しイチジク」で、宿主となる木の樹上で発芽し、気根とよばれる根を地面に向かって垂直に伸ばす。その後、宿主に強く巻きつき、最後にはもとの木を締め殺してしまうのだ。じつは、この絞め殺しイチジクとビントロングは、〈うんこ〉でつながっている。

ビントロング

絶滅危惧レベル **Vulnerable** VU

学名 *Arctictis binturong*
分類 食肉目(ネコ目)ジャコウネコ科ビントロング属
生息地 インド北東部からミャンマー北部、中国南部、インドシナ半島、マレー半島、スマトラ島、ジャワ島東部、ボルネオ島、パラワン島
調査地 ボルネオ島マレーシア領サバ州

ひとことメモ ビントロングは南アジアに広く生息するジャコウネコ科の一種。イヌやネコと同じ食肉目で、大きさは大型犬くらい。全身は黒い毛に覆われている。

ただの排泄ではない
食料を育てるための
排泄なのだ

飽きもせず、同じ果実を食べつづけ……

絞め殺しイチジクの多くはいちどに大量に結実し、しかも季節性がないので、一年をとおして森の中には結実している個体が存在する。実る果実量がほかの熱帯地域よりも少ないボルネオ島の熱帯雨林では、イチジクは多くの動物にとって年中安定して食べられる貴重な食物なのだ。

なかでも、ビントロングはきわだって、絞め殺しイチジクの果実をよく食べる。多くの動物は、10分から1時間ほど同じ木で食べたあと、べつの採食場所に移動する。いっぽうビントロングは、長いときでは6時間ちかく同じ木で、しかも毎日イチジクを食べる。その木のイチジクがほとんどなくなると、べつのイチジクの木への移動をくり返す。

律儀なビントロングの自給自足作戦

熱帯雨林のほとんどの植物は、動物に果実を食べさせて種子を運んでもらう。絞め殺しイチジクもこの性質をもつが、少しやっかいなのだ。種子が運ばれる先は、樹上であればどこでもよいわけではなく、発芽・成長に必要な水分を含む、腐木や苔などの上である必要がある。

こうした場所はたいてい樹洞や木・枝の股などにある。多くの動物は、絞め殺しイチジクの種子を含む〈うんこ〉を無作為に排泄するので、ほとんどの種子は地面に落下してしまう。しかし、ビントロングは木・枝の股や着生植物の上に〈うんこ〉を置く習性があるのだ。つまり、ビントロングはもっぱらイチジクの果実を食べ、種子を含む〈うんこ〉を発芽・成長に適した環境に散布する習性ももつので、結果的に食物をみずから育てているのだ。

イチジクは数mmの小さな種子を大量につける、「下手な鉄砲も数打ちゃ当たる」戦略の植物である。そうした植物にとって、ビントロングのように種子の発芽に好適な環境に排泄する習性をもつ動物は、とてもありがたい存在だろう。

一見すると関係していなさそうなものどうしが見えない糸で結ばれ、深い関わりをもつことがよくある。そうした糸の存在を明らかにすることが私たち研究者の仕事なのだ。

（中林 雅）

樹上60mの着生ランで見つけたビントロングの糞。古い糞と新しい糞があるので、ここで複数回排便したことがわかる

ニホンザルはきれい好き？

野生動物の衛生観念

駆虫薬を混ぜたマシュマロの匂いを嗅ぐ幸島のニホンザル。マシュマロ、バナナ、ホットケーキ、リンゴなどを試した結果、ピーナッツにたどりついた

打ち上がった魚を洗うニホンザル
（撮影・Andrew MACINTOSH）

サルの糞の模型に載せたピーナッツ。
あなたならこれで食欲がわくでしょうか？

ニホンザル 絶滅危惧レベル Least Concern LC

学名 *Macaca fuscata*
分類 霊長目（サル目）オナガザル科マカク属
生息地 日本（本州、四国、九州、淡路島、小豆島、屋久島などの島）
調査地 宮崎県幸島

寄生虫は環境中のあらゆる場所に潜み、宿主に入りこむ瞬間を待ちかまえている。これに対して、動物の側もできるだけ寄生虫を避けるような行動をとる。たとえば、宮崎県の幸島のニホンザルは、サツマイモを水で洗ってから口に入れることが知られている（イモ洗い行動）。ニホンザルには「衛生観念」があるのだろうか。それは、彼らの健康の維持に役だっているのだろうか。

「食べたいのに食べられない」ジレンマ

この謎に挑むべく、私たちは幸島で野外実験を試みた。幸島のサルがふだんから食べている小麦を、①ほんもののサルの糞の上、②プラスチック模型の糞の上、③砂の上に置いて、サルたちの行動を観察した。砂の上に置かれた小麦は躊躇することなくすぐに食べたが、ほんものの糞はもちろん、模型の糞の上にある小麦も食べようとしなかった。

興味深いことに、この実験場面で彼らは手をしきりにこすり合わせたり、ソワソワしたり、

与えられたサツマイモと小麦を食べるニホンザル
（撮影・Andrew MACINTOSH）

食べることとは無関係な行動をとった。これは「転位行動」といわれ、やりたいことがあるのにできないという葛藤があるときに起こる。つまり、「小麦は食べたいけれど、汚いものには触りたくない」という葛藤の表れなのだ。

つぎに、砂のついたサツマイモときれいなサツマイモを与え、その行動を観察した。やはり、サルは食べものの状態をよく見ているようで、食べるまえに洗うのは砂のついたサツマイモだけだった。これらの結果から推測するに、幸島のサルには「清潔」の感覚があるといえそうだ。

寄生虫がサルたちに与える影響は？

ところで、寄生虫はどのていど健康に影響するのだろうか。私たちは、一部のメスのサルに駆虫薬を与えて、消化器官中の寄生虫を駆除する実験をした。

駆虫薬は苦味があるので、サルはなかなか薬を飲んでくれない。バナナやマシュマロ、ホットケーキなど、さまざまな食べもので試したすえにあみだしたのは「ピーナッツ作戦」。

海辺でサツマイモを洗う幸島の
ニホンザル(撮影・鈴村崇文)

薬を細かく砕いてピーナッツバターに混ぜ、さらにそれを2つに割ったピーナッツに挟むことで、彼らはようやく食べてくれた。

こうして寄生虫を除去したサルは、体重が増え、出産率も上がる傾向がみられた。とても小さな寄生虫だが、サルの健康に大きな影響を与えているのだ。泥のついたドングリを手でこすって、泥を落としてから食べるような「きれい好き」の個体は、体内の寄生虫が少ないこともわかった。やはり、きれい好きは健康維持に有効のようだ。

寄生虫への感染を避けるような行動は、チンパンジーやボノボなど、ほかの多くの霊長類でも見られる。寄生虫はサルから栄養を吸収して暮らし、サルは寄生虫を排除しようとする。この関係は数百万年前からつづき、互いに影響しあいながら進化してきた。「衛生観念」は寄生虫と宿主との長いつきあいのなかで築かれた進化の産物なのだ。

(Andrew MACINTOSH、Cécile SARABIAN)

▶カバ

カバたちは、ちょっと気になるご近所さん

私はタンザニア西部のカタヴィ国立公園でキリンの調査をしている。公園のはずれにある村のロッジで寝泊まりしているが、そのすぐ横を流れる川はカバの住処となっている。

乾季の初め(6月ころ)は、雨季に降った大量の雨の恩恵を受けて水たまりがいたるところにつくられている。住処に困らないカバはロッジ横の川にそれほど姿を現さず、分散して生活している。しかし、乾季の終わり(10月ころ)が近づくと水量や水たまりの数が減少し、残り少ない川の水を求めて200頭以上のカバが集まってくる。ある研究者のことばを借りると、この光景は「カバの佃煮」と表現される。

川北安奈
フィールド
タンザニア
対象動物
研究対象はキリン

カバの世界の熾烈な生存競争

タンザニアに来るまで、私はカバの鳴き声を聞いたことがなかった。昼間は限られた水の中で密集してじっとしているが、夜になると「グー、ググググ」と大きな低音を響かせる。自分の居場所を主張しているのか、あるいは、川に出入りする仲間への威嚇だろうか。

ケンカもときどき勃発する。2頭のカバ

カバの死体とコドモのカバ。8月の終わり。川の水が減りはじめている

右／残り少ない川の水に集まるカバたち。11月に撮影
左／雨季の川

が口を大きく開け、「アー！」と発しながら噛みあうのだ。その結果、死んでしまうものもいる。じっさいに、夜中の闘争の末に死んだと思われるカバをこれまで3度も目撃した。しかも驚いたことに、横たわった死体の周囲に数頭のカバがやってきて、死んだカバの腹部から草を引き出して食べていた。消化途中の草は柔らかくて食べやすいからだろうか。乾季の終盤で、餌の確保が困難な時期であることも関係するかもしれない。しばらくすると、アフリカハゲコウが死体に群がり、ポジション争いをしながら屍肉をついばんでいた。

「愛嬌たっぷりの人気者」は仮の姿

野生動物のすぐそばで暮らしていると自然が織りなす景色や響きに圧倒されるが、ときとして、その臭いに悩まされることがある。水量が豊富な6月ころはよいのだが、水量が減りだす8月ころになると、あたり一面に独特の「カバ臭」が立ちこめる。おまけに、ロッジの窓は鉄格子で密閉されないので、腐った泥水のようなカバ臭が風にのって室内まで入り込んでくる。

日本の動物園のカバは愛嬌のある人気者かもしれないが、野生のカバは獰猛で、けっして油断のできない相手である。川釣りをしていた子どもがカバに襲われて命を落とした例もある。村人たちはつねに彼らの行動に注意を払い、少しでもおかしな動きをみせたときには、村中で警戒する。

野生動物には国立公園の境界など関係ない。とくに乾季の終盤は、水と餌を求めて動物たちの行動範囲が拡がる。公園の中心から離れているとはいえども、安心はできないのだ。

フィールド生活 1・2・3

1：私の装備品
2：フィールドごはん
3：寝床、トイレ……生活あれこれ

1 サングラス
ドライバーへのお土産に持っていくとよろこばれる。直射日光だけでなく砂埃から目を保護するのにも役だつ。たとえばバスが未舗装路を走るときなど、窓側の体半分が茶色くなってしまうほど大量の砂埃が入ってくることもある。

2
タンザニアでは容易に米が手に入るので、毎朝鍋でご飯を炊いている。ただし、質には当たりはずれがあり、たまに大量の石が混じっていることがある。なんどもはずれを引いた私は、そのおかげでうっかり石を噛んでジャリっと砕けてしまう前にすばやく口からはきだす術を身につけた。

3
アフリカと聞くと一様に「暑い国」をイメージするかもしれないが、気候は地域によってさまざまである。カタヴィでは、乾季の前半(6月～7月ころ)は朝夕の気温が15℃前後まで下がる。シャワーの水はとても冷たく、就寝時には毛布が手放せない。

休む

ハイラックスは時間セレブ？

日向ぼっこ中。ハイラックスの毛の色は岩肌の色とよく似ている

ブッシュハイラックス

絶滅危惧レベル Least Concern LC

学名 *Heterohyrax brucei*

分類 アフリカ獣上目イワダヌキ目ハイラックス科イワハイラックス属

生息地 アフリカ大陸東部、アンゴラ

調査地 タンザニア西部・ウガラ地域

見かけはネズミやウサギに似ているが、ゾウやジュゴンに近い動物である。

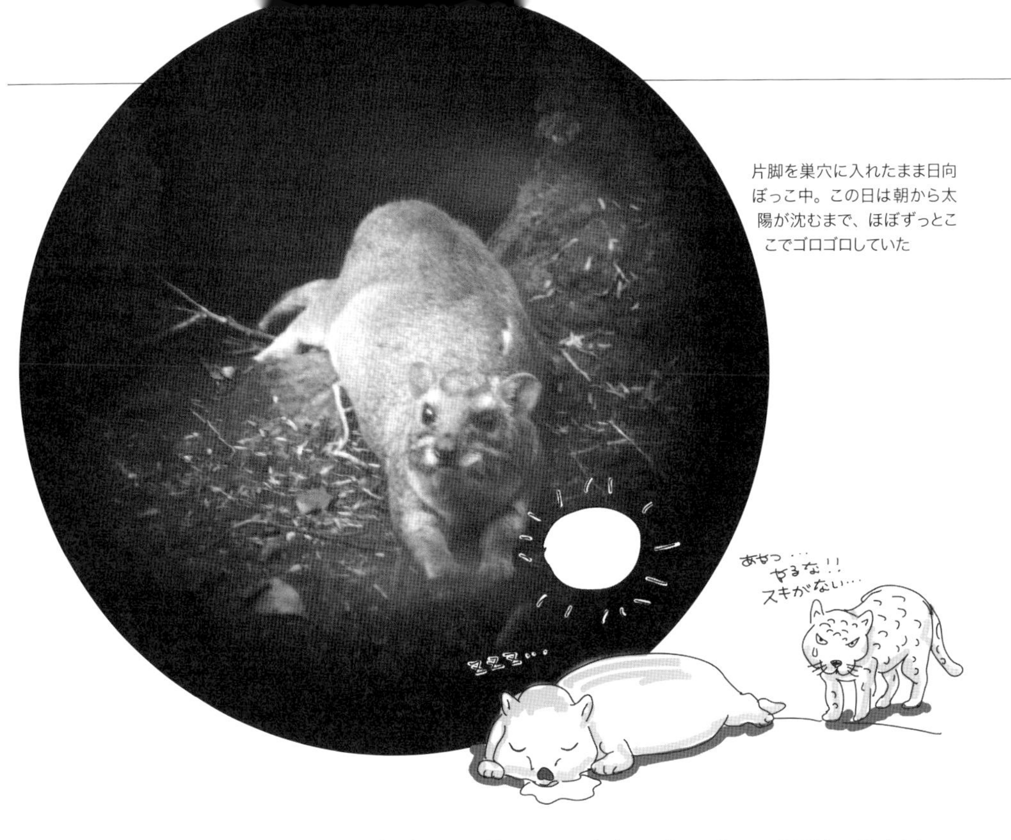

片脚を巣穴に入れたまま日向ぼっこ中。この日は朝から太陽が沈むまで、ほぼずっとここでゴロゴロしていた

ハイラックスは小型の草食動物だ。イワダヌキ目のハイラックスには3属の仲間がいるが、私が研究するのはブッシュハイラックス。3属のなかではいちばん小さく、頭胴長は約50cm。ネコやウサギくらいの大きさだ。おもに東アフリカに分布し、岩場で数頭から30頭ほどの群れをつくって生活している。

日向ぼっこして生きる

ハイラックスはあまり動かない。そういうと、多くの人はナマケモノ(69ページ)を思い浮かべるだろう。じつはハイラックスも負けてはいない。1日の90%は不活発で動かないと言われている。しかも、ナマケモノと違うのは、「動けるのに動かない」こと。不器用そうな外見に似合わず、岩登りや木登りが得意だ。機敏に動ける身体能力があるにかかわらず、ハイラックスは動かないのだ。

そんなハイラックスの1日は、日向ぼっこと休息にほぼ費やされている。みずから穴を掘れないブッシュハイラックスは、自然にある岩場の穴や岩場近くにあるほかの動物の巣を利用して暮らしている。

ハイラックスの巣穴に張りこみ、1週間ほど観察した。すると、日中はひたすら巣穴の出入り口から1m以内の場所で日向ぼっこをしながら、ゴロゴロと寝転がってすごすばかりだった。ハイラックスにとって日向ぼっこはよほど重要な行為なのだろう。日向ぼっこは夜間に冷えた体温を温めるため、活動のエネルギーを節約するため、などといわれているが、いまだ不明なことばかりだ。

人間基準では解けない自然の不思議

ゴロゴロしているとはいえ、眠っているのではなく、目は開いている。ハイラックスは猛禽類やヒョウなどの大型の肉食動物に狙われやすいので、けっして警戒は怠らないようだ。巣穴の出入り口から遠く離れないのもそうした捕食者への対策の一環なのだろう。危険を察知した仲間が警戒声を出し、みながいっせいに巣穴に入ることもある。

ハイラックスの毛色は、岩場と同化しやすい色で、カモフラージュ効果を高めている。なにより、動かないことで、捕食者に見つかるリスクを抑えているのかもしれない。

人間からみると怠惰に思える生活様式が、ハイラックスにとっては切実な生存戦略なのだろう。日本では、効率化、能率化が美徳というような、あくせくした人間社会の風習があるけれど、ハイラックスは真逆だなと思う。なんて贅沢な時間のつかい方、「時間セレブな生き方」をしているのだろうと、うらやましくなる。

（飯田恵理子）

巣の出入り口に集まるハイラックス

休む

ナマケモノはハードワーカー？

セクロピアの葉を食べるメス。毎回じっくりと吟味し、どの葉を食べるか選んでいるようだ

ナマケモノは、中南米の熱帯林に広く生息する樹上性の哺乳類で、見た目はサルのようだが、アリクイやアルマジロに近い種類である。アマゾンを象徴する動物のひとつでありながら、野生での生態は謎に包まれたままだ。その理由は、調査を始めるとすぐにわかった。彼らはとにかく動かないのだ。手始めに10分おきの行動観察を24時間つづけてみたところ、彼らはじつに1日の8割ちかく、およそ19時間も動かずにすごしていた。いっぽうで、少し目を離した隙に茂みの中に隠れてしまうことも多い。なるほど、これを

調査するのはたいへん。謎だらけなわけだ。

ロガーがあれば、隠れていたってお見通し！

ここは科学の力を借りよう。動物の体に取りつければ、心拍数と位置情報を自動で記録してくれるロガーという装置をもちいて、彼らの知られざる私生活を探ることにした。種にかかわらず、動物は運動すれば心拍数が上がり、眠っているあいだは下がる。このデータと位置情報とを組み合わせれば、彼らの活動パターンが手に取るようにわかる。体温調節が苦手な彼らの特徴を調べるには、体温ロガーの装着も欠かせない。

ロガー装着のまえに、まずナマケモノを捕まえなければならない。みごとなカモフラージュで森に溶けこみ、ほとんど動かない彼らを探すのは容易ではない。しかし、いざ見つけてしまえば、捕獲はさほどむずかしくない。気づかれないようゆっくりと樹に登り、枝から引き剥がせば、あとはロープで樹から下ろすだけ。山道を歩いて研究室にもどるときは、体に抱きつかせておけば、おとなしくしがみついている。

研究者の体に抱きつく子連れのメス。研究室に連れて帰るときには、体に抱きつかせて運ぶことが多い

わかったのは、「謎だらけの行動」

研究室でロガーを取りつけて、もとの樹に放し、しばらく自由に活動させたのちに再捕獲し、データをダウンロードする。さて、どんなデータが取れただろうか。

哺乳類の多くは、周囲の温度に左右されることなく、みずからの体温を一定に保つことができるが、ナマケモノの体温は気温とともに変化するようだ。それなのに、なぜかいつも、気温より体温が高い。目視観察ではほとんど動いていなかったはずなのに、心拍数は昼夜関係なく、2～3時間おきに跳ね上がっている。

データから推察するに、どうやらこの6日間、まとまった睡眠を取っていなかったようだ。ナマケモノとは名ばかり、なかなかのハードワーカーだ。そうかと思えば、昼過ぎから翌朝までほとんど心拍数の上がらない個体もいる。ずっと眠っているのだろうか。調査をすすめればすすめるほど、謎は深まるばかりである。

（村松大輔）

捕獲したナマケモノを樹から下ろすようす。ナマケモノに気づかれないよう静かに樹に登り、袋をかぶせて捕獲する

枝の付け根で丸まるナマケモノ。樹の枝にぶら下がっているイメージが強いかもしれないが、野生では大抵がこのポーズである

ノドジロミユビナマケモノ

絶滅危惧レベル Least Concern LC

学名 *Bradypus tridactylus*
分類 異節上目有毛目ナマケモノ亜目ミユビナマケモノ科
生息地 南米大陸北部
調査地 ブラジル連邦共和国アマゾナス州マナウス

キリン(タンザニア・セルー猟獣保護区、撮影・桜木敬子)

2章

仲間と暮らす

研究でわかってきた
仲間との暮らしぶり

外敵から身を守るために、同じ種どうしで集まって、
助けあいながら暮らしている動物は多くいます。子孫を残すにも、他個体がいなくてはなりません。
しかし、ときとして同種の仲間は競争しあうライバルにもなります。
ほしいものを巡って争いが起こることもありますが、同じ種どうしの不要な争いを避け、
仲間と助けあうことは、どんな動物にもたいせつです。
動物たちが仲間(同じ種の他個体)とどのような関係を築き、
暮らしているのかは、種によってさまざまです。
動物たちは、だれと暮らし、どのような方法で仲間と意思疎通をしているのでしょうか。

子育て

親と子との関係は、社会関係のはじまりといえるでしょう。だれが、どのように子育てに関わるのかをみれば、その種の特徴がよくわかるかもしれません。
母親が授乳をする哺乳類は、母と子の結びつきがとくに強くなります。コドモの世話をするのは、母親だけではありません。私たちヒトでも、父親、おじいさん、おばあさんはもちろん、大きく捉えれば、保育士さんや近所の方も育児に参加することがあるでしょう。ほかの動物でも、鳥類のように父親が子育てに参加したり、年上のきょうだいが世話をしたり、コドモを中心に関係が築かれることがあるようです。

仲間との関係

親から独り立ちしたあと、群れをつくらず、単独で暮らす動物がいます。しかし、その動物に社会がないかというと、そうではありません。たとえば、お隣さんとの関係。単独で暮らす動物は、お隣さんと仲が悪いことが多いので、できるだけお隣さんと会わないように気をつかいながら行動しているようです。これはこれで、一つのれっきとした社会です。
特定の仲間と集団で暮らす動物もいます。だからといって、仲間どうしの仲はいつも良好ともかぎりません。近くにいるからこそ、食べものや配偶者を巡って争うことは多いのです。とはいえ、いざというときには、協力して外敵から身を守らなければなりません。いさかいを避けたり、ケンカ後に仲直りをすることは、動物の社会にも重要なようです。

コミュニケーション

仲間と暮らしてゆくには、相手がどこにいて、なにをしているのかを把握したり、危険を伝えあったりと、コミュニケーションが欠かせません。ヒトのあいだには、「目は口ほどにものをいう」ということわざがあるように、コミュニケーションの手段はことばだけではありません。声や視線など、それぞれが得意とする方法で仲間と意思を伝えあっているようです。

子育て

世界一長いオランウータンの子育て

ロム(撮影時6歳)。独りだちしてもおかしくない年齢だが、8歳になった2018年現在もまだ母親とともに行動している(撮影・Eddy Boy)

世界で3番めに大きな島、ボルネオ島(国としてはマレーシア、インドネシアとブルネイ)。ここに棲むボルネオオランウータンは、6〜7年に1回、1頭のアカンボウを出産する。これほど長い時間をかけて1頭のコドモを育てる哺乳類は、ヒト以外ではオランウータンしかいない。

7歳ちかくまで母乳をねだるコドモ

オランウータンは世界最大の樹上性動物で、食事や移動、交尾、排泄、休息、睡眠など、すべての行動を10〜40mの樹上で行ない、地上に降りることはほとんどない。

生まれたばかりのアカンボウの体重は1.5kg。オトナになるのは15歳前後で、オトナのオスは70〜80kg、メスは35〜40kgになる。オトナは基本的に単独で行動し、チンパンジーやニホンザルのような群れはつくらない。寿命は野生下でも50〜60歳といわれている。

オランウータンのコドモは1歳を過ぎたころから、母親と同じように、果実や葉、樹皮などを口に入れる。母乳なしでも充分な栄養をとれるようになるのは3歳ころといわれているが、母親から独りだちする6〜7歳まで、ときどき母乳を飲んでいる。ニホンザルの授乳期間は1〜2年、チンパンジーでも5年ほどで、こんなに長い期間、母乳を飲みつづける哺乳類は、ほとんどいない。「母乳を飲む」のは、食べものが少ないときの非常食や、母乳に含まれる抗体(病気から体を守る力)を得るためだけでなく、怖かったときや甘えたいときの「心の栄養」という意味もある。

ともに暮らし、森に生きる知恵を授ける

それにしても、オランウータンの母親は、なぜこんなにも長い期間、ひとりでコドモを育てるのだろう。

オランウータンの暮らす東南アジアの森では、2〜10年に1回、多くの種類の木々が同じタイミングで実をつける「一斉結実」という現象がみられる。このときは、野生のドリアンやマンゴーなど甘くて栄養のある果物が食べ放題！　でも、それ以外の年はそれほどでもない。オランウータンたちは、甘くないイチジクなどの果物のほか、葉や樹皮などを食べて飢えをしのぐ。

コドモは、母親と長くいっしょにいることで、数年にいちどしか食べられない果物の種類を学ぶ。食べものが少ない期間は母乳で栄養補給するので、生き延びる可能性は高まる。オランウータンのコドモの死亡率がわずか10%前後であるのもうなづける。

母親は一生のあいだに数頭のコドモを生み、長い時間をかけてだいじに育てて、いのちをつないでいる。

（久世濃子）

母親ベス（推定40歳代）の母乳を飲む息子ロム（5歳）
（撮影・Eddy Boy）

ボルネオオランウータン

絶滅危惧レベル **Critically Endangered** CR

学名 *Pongo pygmaeus*

分類 霊長目（サル目）ヒト科オランウータン属

生息地 ボルネオ島（マレーシアとインドネシア）の熱帯雨林

調査地 マレーシア国サバ州ダナムバレイ森林保護区

子育て

キリンの保育園

人間の保育園と似ているようでちょっと違う

コドモたちはお互い近くにいることが多い。ときには一年早く生まれたお兄さん、お姉さんがくわわることもある

私たち人間社会には、保育園や幼稚園といった、数名のオトナが協力してたくさんのコドモたちを見守るしくみがある。じつは、動物園でおなじみのキリンたちの社会にも保育園のようなしくみがある。ただし、キリンの保育園は少人数制で、1頭の見守り役の母親とそのコドモ、預けられたよその子2頭の、計4頭のことが多い。

コドモたちがライオンなどに襲われないように、見守り役の母親がコドモたちの近くにとどまるあいだに、ほかの母親たちは食べものや水を探しにでかけるのだ。このキリンの保育園のしくみをもっと知りたくて、タンザニアのカタヴィ国立公園で調査をつづけている。

キリンの母親たちは、いつから仲良し？

キリンの社会では、母子を除けば、特定の個体どうしが長期間いっしょにいることはまれである。数頭のオスどうし、メスどうし、あるいはオス・メス混合の群れをつくって、日々移動しているけれど、その顔ぶれは数時間で入れ替わることがある。ところが、保育園にかぎっては、その顔ぶれは半年ほどほぼ変わらない。いったいどのようにして、保育園に入る親子の組み合わせが決まるのだろうか。

おなじ保育園にコドモを預ける母親たちは、出産前からもなかよしで、「コドモが生まれたら、いっしょの保育園に預けようね」と約束でもしているのだろうか。その謎を解きたくて、私はキリンの群れに出会うたび、だれとだれがいっしょにいるのかを記録した。

すると、意外なことがわかった。出産前にはほとんどいっしょにいなかった母親たちが、出産後には頻繁に行動をともにしていたのだ。どうやら出産を機におつきあいを始めるようだ。保育園という場を通して、お母さんたちに新しい交流がうまれるのは、キリンも人間も同じかもしれない。

キリンの母親は放任主義？

保育園での母と子たちの関係を観察してみると、その関係はずいぶんとあっさりしている。母親はコドモの世話を焼くことはほとんどなく、すこし離れたところで、自分の食べものを探したり、座って休んだりしている。いっぽう、コドモたちは、コドモたちどうしでかけっこしたりしている。

授乳のタイミングは母親が決めるようで、コドモがお乳をねだっても、その気がなければ、「嫌よ！」と断わることが多々ある。人間の子育てから考えると放任主義にもみえるけれど、キリンの母親はみなこうである。

そんなあっさりした親子関係ながらも、ときおり母親が首をかがめて、コドモの頭に愛おしそうに頭をすりよせる場面を目撃すると、なんともほっこりする。

（齋藤美保）

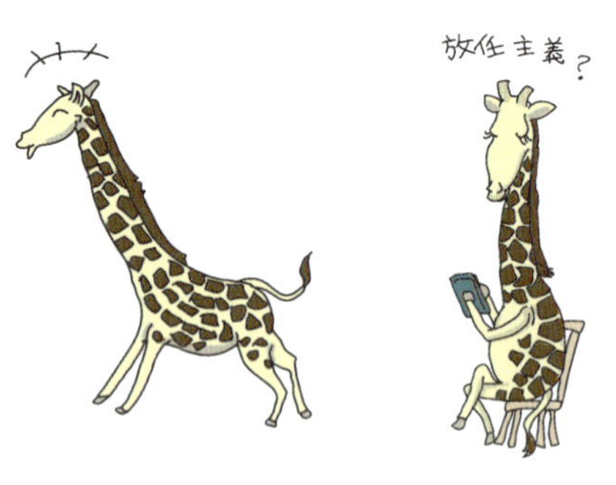

キリン 絶滅危惧レベル **Vulnerable** VU

学名 *Giraffa camelopardalis*
分類 鯨偶蹄目キリン科キリン属
生息地 アフリカ大陸のサハラ砂漠以南
調査地 タンザニア・カタヴィ国立公園

キリンの授乳場面。基本的に野生キリンの母親は自分の子以外にお乳をあげることはない

広大な熱帯雨林に生きる小さなヤマアラシ

家族全員で守る!!

アジアやアフリカの森には11種類のヤマアラシが生息している。このうち、もっとも小さく、ひときわ長い尾をもつのがネズミヤマアラシだ。

彼らはおもにボルネオ島やスマトラ島の熱帯雨林に棲んでいる。昼は巣穴の中で家族とすごし、夜になると外に出て、果実やキノコなどの食べものを探し回る。アジアの熱帯雨林には、ネズミヤマアラシをふくめ、7種類のヤマアラシがいるが、熱帯雨林での夜間調査は手間がかかることから、その生態はこれまでほとんど知られていなかった。彼らの生き方を探るべく、私はラジオテレメトリーを駆使して、観察をつづけている。

新たな住処で待ち合わせ

夜間の調査では、発信機を付けた個体を見つけるたびに、ほかの個体が近くにいないかと探したが、ほとんど見かけなかった。いっぽう、日中には家族とともに同じ巣穴にいることが多かった。巣穴は彼らの行動圏内に複数あって、ときおり別の巣穴に引っ越しをする。巣穴の中では発信機の電波が弱まるので、ヤマアラシが引っ越すたびに、探し出すのに苦労した。しかし、そのかいあって、ヤマアラシの暮らしの一端がわかってきた。

夜間は、家族はバラバラに行動するのに、朝方には引っ越し先でちゃんと家族が集合しているのだ。どのようにして同じ巣穴で待ち合わせするのかは、まだわかっていないが、家族にアカンボウがいるときは、ある工夫をしていることがわかってきた。

父さんヤマアラシについて歩く子ヤマアラシ

夕闇に紛れてすばやく引っ越し

ネズミヤマアラシの家族構成は、夫婦とそのコドモ。母親はおよそ1年に1回、1子から2子を産む。コドモはだいたい10か月くらいで独りだちするが、大きくなってからもしばらくは親元ですごすので、巣穴には夫婦と前年に生まれた子と、新たに生まれたアカンボウが同居

巣穴の前に設置した自動撮影カメラで撮影。左下のくぼみが巣穴

することがある。アカンボウは生後約９週間は巣穴からほとんど出ない。親が採餌中は、コドモたちだけで留守番している。

小さなアカンボウがいる期間にも巣穴の引っ越しがみられる。アカンボウ同伴のさいは、日没後すぐに親子そろって次の巣穴に移動することがわかった。つまり、採餌に出かける前に、あらかじめアカンボウを移動させておくのである。

ヤマアラシの子育て

ネズミヤマアラシの家族は、一家総出でアカンボウの世話をしているようだ。アカンボウが巣穴にいる時期は、両親はもちろん、年上のきょうだいも枯葉などの巣材を運びこむ。成長したアカンボウはやがて、親やきょうだいの後ろについて巣穴から出てくるようになる。フクロウなどの捕食者から襲われないための、危険回避の重要な行動といえるだろう。

じつは、ヤマアラシの子育てに年上のきょうだいが関わっていることをはじめて発見したのは、私たちの研究グループである。対象動物の生態を理解し、それに適した観察手法をうまく組み合わせて、丹念に調べれば、これまで見過ごしてきた動物たちの意外な姿を知ることができるはずだ。

（松川あおい）

ネズミヤマアラシ　絶滅危惧レベル Least Concern LC

学名 *Trichys fasciculata*
分類 齧歯目（ネズミ目）ヤマアラシ科ネズミヤマアラシ属
生息地 マレー半島の一部、スマトラ島、ボルネオ島
調査地 マレーシア・カビリ-セピロク森林保護区

▸イルカ

海の中から見るイルカ

「ひさしぶり。最近見なかったけど、元気だった?」、「あれ、きょうはお母さんだけ? コドモはあっちで遊んでいるのね」。ご近所どうしの立ち話のようなこの会話は、海の中でイルカに出会うたび、私がついつぶやいてしまうことばである。

東京から200km南にある人口約300の小さな御蔵島。その周りに1年をとおして生息する野生のミナミハンドウイルカが私たちの研究対象だ。約130個体のイルカのほぼすべてが個体識別されている。水中で出会うと、まるで友だちに会ったような気分で、ついつい心のなかでおしゃべりしてしまう。

素潜りでイルカと並んで泳ぎ、水中ビデ

田島夏子・田中美帆

フィールド
東京都御蔵島

対象動物
ミナミハンドウイルカ

普段は手持ちのビデオカメラで撮影するが、このようにマスクに小型のカメラをつけて撮影することも

オカメラで分析のための映像を撮影している。水中で直接に観察すると、イルカのさまざまな行動を垣間見ることができる。

カメラを持って潜ると、好奇心旺盛なイルカが覗き込んでくることも多い

イルカのママもたいへん

ヒトと同じくイルカのコドモも、やんちゃで好奇心が強い。ある日、カメラを持って近づくと、コドモがレンズを覗き込み、私の周りをぐるぐると高速で泳ぎだした。

しばらくすると、先に泳ぎ去った母親が遠くから「ピィーッ」と声を発して呼びかけたが、コドモはまだ私に興味津々。母親はしびれを切らしたのか、よりいっそう強い声を出しながらもどってきて、コドモと私のあいだにさっと分け入り、連れ去っていった。コドモはまだ遊び足りないとでもいうように、ちらっと後ろをふりかえったあと、小さな尾ビレを振って母親について行った。イルカもヒトも、子育て中の母親の気苦労は同じのようだ。

イルカとトビウオのかくれんぼ

ときおり、魚群を追いかけているイルカに遭遇することもある。トビウオを追うイルカを撮影していると、1頭の若いメスのイルカが私に近づき、カメラの正面に頭を向けて「ジジジジジ」というクリックス音(物を調べるときに出す超音波)を発した。

ヒトには見向きもせずに泳ぎ去ることが多いのだが、きょうはめずらしく、しつこく私につきまとって調べている。「きょうの私はモテモテだなぁ」とのんきに思っていたら、私の頭の後ろにトビウオが1匹、隠れるように身をひそめて泳いでいた。ざんねんながら、イルカは私に興味があったのではなかった。「そのトビウオ、早くこっちに渡せ」、そう言いたかったようだ。

フィールド生活

1·2·3

1：私の装備品
2：フィールドごはん
3：寝床、トイレ……生活あれこれ

1　ビデオカメラ、防水ハウジング、ウェットスーツ、シュノーケル・フィン・マスクの3点セット

水中撮影といっても、特別なカメラではなく、市販のビデオカメラを専用防水ハウジングに入れてつかう。水没しないように調査前には念入りにチェックする。酸素ボンベを背負わず素潜りで調査するので、いつまで息がもつかが勝負!

2　タカベ、カツオ、イセエビ、アシタバ(明日葉)

小さな島では、調査の面でも生活の面でも、地元の人と仲よくなることがだいじ。島の人に混じって漁に参加し、獲れた魚を山分けしてもらう。釣った魚を分けてもらうことも。アシタバはそこらじゅうに生えているので、かってに摘んで食べる。ツナマヨ和えが美味!

3

海況のよい日は海に出てデータを取り、時化(しけ)の日はパソコンに向かってひたすら解析。データ収集と分析の繰り返しだが、ときには息抜きも必要。村人総出の夏祭りで、島の人といっしょに、もみくちゃになりながら神輿を担いだり、島の若者のスポーツ活動に参加したり……。飲み会は地元の人と仲よくなるチャンス！　積極的に参加する。

仲間との関係

ほかのバクには会うのもいやだ

塩場で水を飲むバクのカップル

バクと聞いて多くの人が連想するのは「夢を食べる」だろう。しかし、それは伝説上の動物「貘（ばく）」で、実在する草食動物のバクは、この「貘」に姿が似ていることから「バク」とよばれるようになった。自在に動き、枝をたぐり寄せるのに適した長い鼻、白く縁取られた耳の先っぽ、ずんぐりとした体つきからは想像できないほど高くてかわいらしい声。バクの生態にはまだまだ謎が多く、不思議議さでは伝説上の「貘」にも引けをとらないと私は思う。

マレーバク　絶滅危惧レベル **Endangered** EN

学名 *Tapirus indicus*
分類 奇蹄目（ウマ目）バク科バク属
生息地 マレー半島、スマトラ島
調査地 半島マレーシア

塩場でこっそり野生バクを待ち受ける

東南アジアには、バクの仲間で唯一、白黒ツートンカラーのマレーバクが生息している。野生のマレーバクの生活を調べるために、なんどか半島マレーシアの熱帯雨林を訪れているが、じつのところ、野生のマレーバクを肉眼でとらえたことはいちどもない。そもそも、うっそうとした熱帯雨林で動物を見つけるのはたやすいことではない。夜行性で、単独で行動するバクは、よりいっそう見つけにくい。

だが、森の中には動物観察にもってこいの穴場がある。森の中に点在する「塩場(しおば)」だ。ミネラルを多くふくむ水が地面ににじみ出て、小さな水たまりができる。とくに草食動物は、植物だけでは不足しがちなミネラルを補うために、ひんぱんに塩場にやってくる。

ここで待ち伏せすれば、「マレーバクの観察はバッチリ!」といいたいところだが、マレーバクの棲む森にはトラもゾウもいて、塩場の前でテントを張るのは危ない。というわけで、待ち伏せ役は、赤外線センサーカメラにおまかせしている。

動物がカメラの前を横切ると自動的に1分間の動画を撮影する機能をつかい、2か月で32GBのメモリカードがいっぱいになるほどのデータを集める。そのなかからマレーバクの映る動画を選び、くり返し再生して、体の特徴とその行動をこと細かく記録する。

塩場で密会。フタマタなんてあたりまえ?!

「バクどうしは、森の中でどのように接しているのか」。これが私の研究テーマの一つだ。ある一つの塩場に注目すると、右耳に切れ込みのあるバクが来た日もあれば、額に傷のあるバクが来た日もある。ほかにも、あきらかに別人ならぬ別バクが来た日もある。つまり、複数のバクが同じ塩場を利用しているのだ。ならば、塩場で別バクと顔を合わせて、コミュニケーションをとることだってあるはずだ。

たいていは1頭で塩場に来るバクだが、2頭が仲よく並んで水を飲んでいることもある。たがいに鼻でつつき合い、とても仲むつまじいようす。でも、仲よさげな2頭はかならずオス&メスなのだ。オスどうし、メスどうしで塩場にやってきたことは、いちどもない。

それどころではない。一晩のあいだになんどバクが撮影されても、すべて同じ個体なのだ。つまり、一晩のあいだずっと、同じバクが塩場を占領しているのだ。占領中は、別バクが塩場周辺に現れることもない。例外はオスとメスのカップルだけ。どうやら、オスどうし・メスどうしは、徹底的に避けあっているらしい。塩場に登場するバクの相関図をつくったら、テレビドラマ顔負けの殺伐としたものができそうだ。

(田和優子)

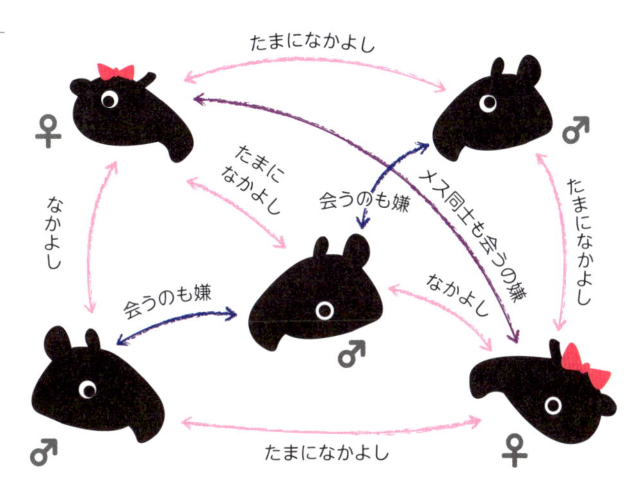

バク相関図。複数のオス・メスが共通の塩場を使っているものの、オスどうし・メスどうしが同時に塩場を使うことはいっさいないようだ

仲間との関係

暗闇に潜むロリスの秘密

暗い中で赤いライトに照らされたピグミースローロリス。大きな目には暗闇でも物が見えやすいしくみがつまっている

暗闇で大きな目がきらりと光る。それはするりするりと動き、油断したすきに目の前から消えてしまう。きょろきょろあたりを見まわすと、思いもかけない場所でまた目が光る。いつの間にそこまで動いたのかと驚かされる。

霊長類で唯一、毒をもつことでも知られるピグミー（レッサー）スローロリスは、柔軟な体を活かしながら、ゆっくりとした動きで音もなく静かに移動するのが得意だ。飛んだり跳ねたりはできない体の構造なので、動きはなんとなく鈍く見えるのだが、静かに昆虫などの獲物に近づき、すばやい動きで獲物を手で捕まえる。目だたない動きをすることで、怖い敵からも身を守れる。一石二鳥だ。

巣箱の中で毛づくろいするロリスのメスたち

調査の切り札、赤外線カメラ

夜の暮らしに適応している夜行性の彼らは、暗闇でも物の形状を判別できる。しかし、色の区別はできない。私たちヒトは、その逆だ。それゆえに、彼らの研究には、赤外線ビデオカメラと赤いライトが必須だ。

赤外線カメラ越しに見ると暗い中でも彼らの動きがはっきりと見える。赤いライトを照らすのは、暗闇で彼らが予想以上に俊敏に動き、その姿を見失ってしまったときだ。彼らの視細胞は赤色領域に敏感ではない。夜行性ゆえに明るい場所では動きが鈍くなってしまうロリスたち。赤いライトは、そんなロリスに与える影響を最小限にとどめて観察できる切り札なのだ。

こうして暗闇での観察をすすめ、ピグミースローロリスの社会行動を調べていると、一般的なイメージとは少し違うロリスたちの姿を目の当たりにすることがある。

距離が近づくほど仲良しに？

野生では単独での行動が観察されることが多いが、近年の調査ではときに同種他個体と関わっていることがわかってきた。しかし、具体的な関係性についてはほとんどわかっていない。私の研究フィールドのひとつである動物園（日本モンキーセンター）では、ロリスたちは最大で16m³ほどの同じ展示場内で、ペアもしくはそれ以上のグループで暮らしている。個体間の距離が野生よりも近くなったとき、彼らはどんな社会関係を築くのだろうか。

じつは、ロリスたちが築くのは、意外なほどに「濃い」関係だ。オスどうしでもメスどうしでも、あるいはオスとメスとでも、相性のよい組み合わせでは、さまざまな社会行動を見せるようになる。たとえば、毛づくろいをしたり、いっしょにごはんを食べたり、くっついて寝ることもある。展示場には離れてすごすのに充分なスペースはあるし、室温は一定に保たれていて、寒くもないので、とくにいっしょに寝る必要はない。野生調査の結果とは異なる関係を築いているのだ。

彼らの社会行動は環境によって異なるのかもしれないし、私たちが知らないだけで、野生でも濃厚な関係を築いているのかもしれない。彼らの暮らす暗闇には、まだまだ秘密が隠れていそうだ。

（山梨裕美）

ピグミー（レッサー）スローロリス 絶滅危惧レベル **Endangered EN**

学名 *Nycticebus pygmaeus*
分類 霊長目（サル目）曲鼻猿亜目ロリス科スローロリス属
生息地 東南アジアから中国雲南省
調査地 日本の動物園

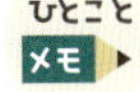

スローロリスたちの毛づくろいは、櫛のようになった下顎の切歯（門歯）で毛をとかす、舌でなめる、足の第2指にある尖ったかぎ爪でひっかくといったユニークな方法で行なわれる。

仲間との関係

上空からの目で野生ウマを追う

オスどうしの闘争

鳥、魚、哺乳類など、いろいろな動物が群れをつくって生活している。あたりまえのことだが、群れがまとまって行動するには、たとえ自分が気に入らなくても、ほかの個体の決定に従うなどの協調が必要なはずである。しかし、動物たちがじっさいにどのような調節をして、群れをまとめているのかは、あまりわかっていない。

ウマは1頭のオスと複数のメスからなる決まったメンバーで群れをつくることが知られている。つまり、鳥や魚の群れとは異なり、互いを認識するのだ。そこで私たちは、ポルトガル北部のアルガ山に棲む野生のウマを観察している。個体どうしの距離や角度に潜んだ法則を調べることで、群れの空間的なまとまりを動物が維持するしくみを調べている。

ドローンの導入で画期的な成果が

私たちは、アルガ山にすむ250頭のすべてのウマを毛の色や顔の模様から見分け、1頭

ドローンが捉えたウマの群れ

ずつ名前をつけている。名前をつけて個体を区別して観察することで、いつも群れから少し離れている個体、いつもいっしょにいる2頭など、ウマの個性が浮き彫りになる。観察を重ねるうちに、群れのどの位置にいるかを見るだけで、それがだれなのか、なんとなくわかるようになる。

地上で双眼鏡をのぞいて、群れの中の個体の位置や行動を観察するという従来の手法に加え、近年は、ドローンという最新テクノロジーの力も借りて、空中からも観察している。ドローンはカメラ付きのラジコンのようなもので、すこし練習をすればかんたんに操縦でき、自在に空を動きまわって撮影できる。

空からの観察と地上での観察とのもっとも大きな違いは、距離感がわかりやすいことにある。地上からは、手前のウマとその奥にいるウマとがどのくらい離れているのかがわかりづらいが、空からだと2頭の距離は一目瞭然だ。しかも、群れのすべての個体の距離がひとめでわかるのだ。

「つかず離れず」の絶妙な距離感

空から見るウマの群れの動きは、水中を泳ぐ魚の群れのようにも見える。基本的には、各自がばらばらと適当に分散して草を食べているが、ときには一列になって移動したり、ほぼ同時に全員が体の向きを変え、進む方向を変えたりする。

ドローンで撮影した映像をもとに、群れのすべての個体の位置と距離を測ると、どの個体も、隣の個体から3体長（4m）くらいの位置を保つ傾向があるようだ。つかず離れずの距離を保っているといえる。

群れの中に1頭しかいないオスは、メスに比べて、群れの周辺部にいることが多いようだ。おそらく、メスを守るために周囲を警戒しているのだろう。いっぽうで、群れの先頭を歩いてリードしているような個体は見当たらなかった。どうも特定の個体が群れを統率していることはなさそうだ。ウマならではの視野の広さを生かして、どの個体も群れの全体に気を配っているのかもしれない。

科学技術の力を借りて、これまでだれも見たことのない視点からウマを見られるようになった。群れが拡がったり集合したり、方向を変えたりするときに、彼らがどのように進路や距離感を調整しているのかに焦点を絞ることで、ウマが群れを維持する機構を解明できるかもしれない。

（井上漱太）

ウマ　絶滅危惧レベル　**Extinct in the wild** EW [*2]

学名　*Equus caballus*
分類　奇蹄目（ウマ目）ウマ科ウマ属
生息地　世界中 [*3]
調査地　ポルトガル・セラダアルガ

▶ゾウ

仲間を悼みにきたのかな

2016年7月21日の夕方、スリランカのウダ・ワラウェ国立公園内で、横たわっているメスのアジアゾウを見つけた。関係者によると、その遺体は3日前に発見されたそうだ。

仲間の遺体を見つけたゾウの反応

遺体をじっくり見ようと車を近づけたとき、1頭のメスのゾウがこちらに向かって歩いてきた。そのゾウは遺体まで20mほどの距離に近づいて、低い音でひと声鳴いたあとに去っていった。

これまでもいくつかの調査地で、仲間の死を悼むような行動をとるゾウが目撃されている。もしかすると、このときそばに来たゾウは、遺体の仲間だったのかもしれない。

ほかにも、遺体に対してなんらかの行動を起こすゾウがいるかもしれないと考え、翌日の午後、遺体から少し離れたところで待ち伏せることにした。17時ころ、若いゾウが1頭で現れ、遺体から10mほどの距離を通り過ぎていった。それから1時間待ったが、ゾウは現れなかった。

公園のゲートが閉まるまえに帰ろうとしたころ、べつのゾウたちが5頭連れだって

遺体を鼻でていねいにチェックしていたゾウたち

なにかをついばんでいるシロエリコウ

発見から11日間経過した遺体の頭部

やってきた。このうち３頭は遺体のすぐそばまで近づいて、鼻を遺体に伸ばし、１分半ほどかけてゾウの遺体をチェックしていた。ほかの２頭は遺体から20mほど離れたところでただ待っているようだった。その５頭は同じ方向に去っていった。

反応がさまざまだったのはなぜ?

１分半もの長いあいだ遺体のそばにいたゾウたちと、その前をただ通り過ぎただけのゾウ。ゾウによって遺体への接し方が異なっていたのはなぜだろうか。そばまで近づいたゾウたちは、亡骸となったゾウと生前に親しくしていて、その死を悼みにやってきたのだろうか。もしくは、偶然に通りかかったところで同じ種を見つけ、好奇心で近づいただけかもしれない。

翌々日も同じ場所で待ち伏せてみたが、ゾウは現れなかった。ゾウ以外には、鳥やキンイロジャッカルが訪れた。鳥は遺体もしくはその周囲の虫をついばんでいるようだった。キンイロジャッカルは２頭で訪れ、遺体の匂いを嗅いだあとに去っていった。

おそらく私たちがいないあいだにも、ゾウやほかの動物たちが昼夜に訪れて、遺体に対してさまざまな行動を起こしたのだろう。１週間後に訪ねたときには、遺体はほぼ骨だけの状態になっていた。

フィールド生活 1・2・3

1：私の装備品
2：フィールドごはん
3：寝床、トイレ……生活あれこれ

1　フィールドノート、ビデオカメラ、50倍ズームできるスチールカメラ
個体識別のためにゾウの耳など体の一部をスチールカメラで撮影し、集団全体の動きはビデオカメラで撮影する。二つのカメラを同時に操作するのがポイント。公園内は歩くことが禁止されているので、ジープとドライバーも調査には欠かせない。

2　食事はゲストハウスのスタッフがつくってくれるが、毎日カレー（具は日によって異なる）。朝はときどき、米粉とココナッツミルクを混ぜて焼いた「ホッパー」を食べる。おやつには、バナナやキングココナッツ、マンゴーなど、種類の豊富な果物をほおばる。

3　スリランカのこの調査地は、気温は高いが、つねに風が吹いているので暑くはない。宿泊先は調査地に近いゲストハウス。アリ、ヤモリ、カエルとの共同生活。たまに野良犬が訪れる。蚊帳のあるベッドで、クジャクやカササギサイチョウの声で目覚める朝。不自由はない。

気むずかしい オスシマウマの飼育管理

シマウマは縞模様のあるウマ科動物の総称。グレビーシマウマ、サバンナシマウマ、ヤマシマウマの３種があり、すべてアフリカ大陸に生息している。

動物園でもおなじみの動物なので、「生息数が多い」という印象があるかもしれないが、ヤマシマウマは世界に25,000頭、グレビーシマウマにいたってはその一割の2,500頭ほどしかいない絶滅危惧種である。日本の動物園で飼育されているのは、サバンナシマウマ（グラントシマウマ、チャップマンシマウマ）が圧倒的に多く、グレビーシマウマ、ヤマシマウマの２種は少ない。

種によってテリトリーの広さが違う

いくつかの動物園では、シマウマと同じくアフリカ大陸に生息するキリンやオリックスなどと同居させる「混合展示」という方法が

マーウェル動物園（イギリス）での混合展示（グレビーシマウマ、シロオリックス、シロサイ）。グレビーシマウマのオス個体は、べつの場所で飼育されている

導入されている。しかし、混合展示のシマウマ、とくにオスのシマウマは問題児である。

シマウマは気性が荒く、ほかの動物たちにしばしば危害を与えることがある。オリックスの角をへし折ったり、ダチョウや小型のレイヨウの赤ちゃんをかみ殺したりするという話を聞いたことがある。

そんなシマウマのなかでも、もっとも体の大きなグレビーシマウマは、より攻撃的な気性の個体が多い。海外のとある動物園では、オスのグレビーシマウマが自分の数倍も大きなシロサイに攻撃をしかけたらしい。勝負の結果は、シマウマが大けがをして、獣医のお世話になったそうだが……。

サバンナシマウマ、ヤマシマウマはオス1頭とメス複数頭からなるハーレムを形成する。ハーレム・オスは、ハーレムに近づくほかのオスを自分のハーレムから追い払う。これに対して、グレビーシマウマのオスは単独で生活し、広大なテリトリーを形成する。テリトリー・オスは、メスが入ってくることは許すが、ほかのオスは追い払う。

マーウェル動物園（イギリス）のアフリカンバレー。上が遠景。右上のシマウマを拡大したものが下。広大な敷地であることがわかる

気性が荒く、孤独を好むグレビー

社会構成の違いにより、それぞれの種で必要な広さが異なるので、サファリ形式の動物園では、サバンナシマウマはオス複数頭の群れ飼育（複数のハーレム）はできるが、グレビーシマウマは複数頭のオスを同居させることはむずかしい。それにくわえて、グレビーシマウマのメスはほかの個体といっしょにいることを好むが、オスは1頭でいたがる時期があり、同居するメスに攻撃的になることもある。これを回避するために、多くのオスは1年の大半を1頭だけべつの場所で飼育されるので、繁殖に用いるオスでも専用のパドックが必要になる。

グレビーシマウマのテリトリーの広さや、気むずかしいオスの行動パターンを考えると、充分な広さの放飼場とオス用の放飼場が必要だが、広大な土地を確保しづらい日本の動物園ではなかなか実現できない。日本国内のグレビーシマウマの飼育頭数が少ないのは、その希少性だけでなく、飼育管理のむずかしさも原因かもしれない。

「ないものねだり」で嘆いてもしかたない。狭い面積だとしても、動物の福祉や健康を改善するくふうを重ねたり、適切な社会グループが形成できるような環境を整えるなど、日本の動物園の特徴にあわせた飼育管理が必要である。そうすれば、希少なグレビーシマウマを、多くの場所でより身近にみられるようになるかもしれない。

（伊藤英之）

コミュニケーション

ないしょ話を盗み聞きする密かな愉しみ

白と黒のコントラストが特徴的なイロワケイルカの通称は、パンダイルカ。イルカ界では小さいイルカの仲間。この白黒の配色のおかげで外敵の目をくらますことができるのだけれど、水族館では「白黒＝シャチ」と間違われてしまう、ちょっと残念なイルカである。

天敵には聞こえない超ソプラノを操る

イルカの仲間はいろいろな「音」を出す。観察していると、「ピューピュー」や「ギリッギリッ」など、とてもにぎやかな音が聞こえる。

彼らの音のだいじな役わりのひとつが、エコーロケーション。イルカの発した音は餌や障害物などにあたってはね返る。返ってきたその音を聞いて、対象物の位置や大きさを把握する。陸上とは違って、広く深く暗い海の中では遠くまで見通すことがむずかしい。そこで、目の代わりに音をつかって、周りの世界を「見ている」のである。このときにつかう音が超音波だ。これはとても高い音で、私たち人間には聞こえない。

「イルカは超音波で会話しているんでしょ？」と思っているあなた、半分アタリで半分ハズレ。基本はエコーロケーションのための超音波だけれど、「じつはそれだけじゃない！」ってことが、イロワケイルカの研究をとおして少しずつわかってきた。

アルゼンチン共和国沿岸で撮影したイロワケイルカの群れ。野生では3～6頭の群れで泳ぐことが多い。人前にも堂々と姿を現すのに、発する音はコソコソ。興味のつきないイルカである

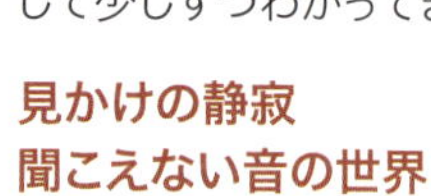

見かけの静寂 聞こえない音の世界

イロワケイルカの音は、イルカ界では群を抜いて高い。もちろん、人間には聞こえない。なぜそんなに高いのか。天敵のシャチには聞こえない高い音で、こっそり鳴かない

イロワケイルカ　絶滅危惧レベル　Least Concern LC

学名　*Cephalorhynchus commersonii*
分類　鯨偶蹄目ハクジラ亜目マイルカ科イロワケイルカ属
生息地　南米南端付近（チリ共和国沿岸、アルゼンチン共和国沿岸）、ケルゲレン諸島沿岸
調査地　国内水族館（鳥羽水族館、仙台うみの杜水族館）、チリ共和国南端

鳥羽水族館で撮影したイロワケイルカの親子。暗い水の中では、この白黒のコントラストが体を隠す役割をする。よく観察すれば、シャチとのちがいはわかるはず

と、居場所が見つかって、小さな彼らはひと飲みにされてしまうからだ。そう、彼らは「ないしょ声（超音波）」の達人なのだ。シャチにも私たちヒトにも聞こえないその音は、たとえるなら石と石とを叩きあわせたような、カチッカチッというイメージ。彼らは、このないしょ声をつかってエコーロケーションしている。「でも、ないしょ声の使い道はそれだけなの?」。そんな疑問に取りつかれたのがワタシ。

彼らのないしょ声をこっそり録音してみると、一日じゅうひっきりなしに、おどろくほどたくさんの音が記録されていた。静かにみえるのは見かけだけで、ないしょ声で、堂々と大騒ぎしていたのだ。

ないしょ声を盗み聞きすると、カチカチのリズムがいくつもあって、寝ているとき、遊んでいるとき、みんなで泳ぐとき、仲間に近づくときなど、それぞれに使い分けている。まるでモールス信号のよう。

イロワケイルカのないしょ声には、エコーロケーションだけでなく、なにかべつの役割もありそうだということまではわかったが、謎は多い。ないしょ話を盗み聞きする私の日々は、まだまだつづく。

（吉田弥生）

右／青線は聞こえる音の範囲、赤線は出す音の範囲。イロワケイルカの音はシャチには聞こえていない

下／イロワケイルカの超音波ソナグラム。縦線の一本一本がエコロケーション時に発する「カチッ」という音に相当する

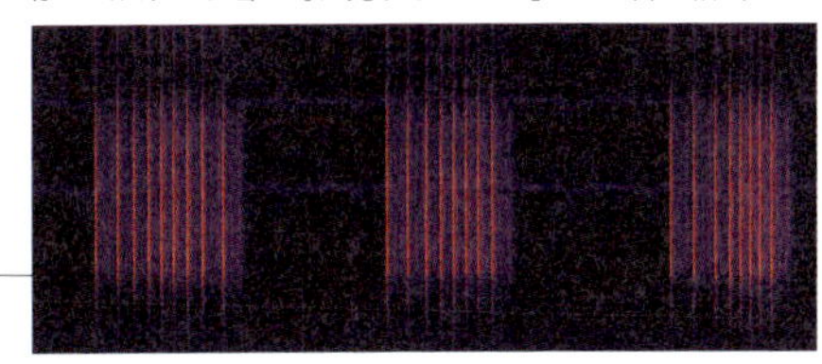

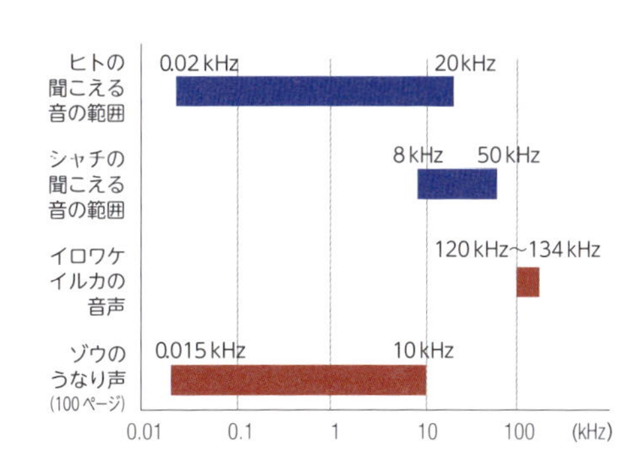

コミュニケーション

アゴヒゲアザラシの求愛歌

歌うオス(右)とそれに近寄ってくるメス(左)。オスは水面に浮かびながら、喉を風船のように膨らませて音を出す

動物の出す音には、「歌(ソング)」とよばれるものがある。特定の音を決まった順番でくり返し出す場合に、その音のまとまりを歌とよぶのが一般的だ。このような歌は、鳥類や鯨類、霊長類などでよく知られている。

歌というだけあって、独特な抑揚があったり、リズミカルだったりと、聞いているとなんだか楽しい気分になる。はたして彼らの歌にはどんなメッセージが込められているのだろうか。ここでは、いっぷう変わったアザラシの歌をご紹介したい。

アゴヒゲアザラシはその名のとおり、長いヒゲが特徴的なアザラシの仲間である。彼らもまた、繁殖期になると海の中で歌をうたう。その歌はメロディアスで、「ピロロロー」と音の高さが複雑に変化する。

歌は聞こえど、姿はいずこ?

アゴヒゲアザラシはなぜ歌うのだろう。これを知るには、「いつ・だれが・どのように」

歌っているのかをつきとめる必要がある。しかし、彼らが歌うのは氷が漂う北極の海の中である。音は聞こえても、その姿はなかなか見つからない。そこでまず、彼らの行動をじっくりと見られる水族館で観察をはじめた。

冬から翌春にかけて、オスが歌う姿を観察できた。オスは喉を風船のように膨らませ、水中でプカプカ浮かびながら歌いはじめる。オスの歌はいつも決まった音で始まり、決まった音で終わる。そのあいだに入る音の順番もやはり決まっていて、1シーズンの観察を終えるころには、「つぎはこの音だ!」と予想できるようになった。

アゴヒゲアザラシのメス成獣が上陸して休んでいるようす。(北海道・小樽水族館で撮影)長いヒゲや四角ばった前ヒレが特徴である。ちなみに人でいうところの「アゴヒゲ」は下あごに生えているが、アゴヒゲアザラシのヒゲは上あごにある

歌うオスのもとにはメスが近寄ってきて、鼻先をオスの喉に押し当てていた。どうやら、オスの歌にはメスを惹きつける効果があるようだ。

息ぴったりのデュエット

過去の文献には、「アゴヒゲアザラシはオスだけが鳴く」と書かれていることが多い。私もそう思っていたので、はじめてメスが鳴く姿を見たときにはとても驚いた。歌っているオスのもとに近づき、メスもいっしょに歌い出したのである。

メスはオスの歌にあわせて、音を出すタイミングをうまく調節しているようで、おたがいの音が中途半端に重なることはない。また、オスとメスが出だしをぴったりと揃えて同じ種類の音を出すこともある。人間で例えるなら息のあったデュエットのようなものだ。これらの歌は、オス・メスともに求愛のためにつかっているらしい。

さて、仲睦まじく見えたこのアゴヒゲアザラシのカップルであるが、ざんねんながら、いまだ交尾や出産は確認できていない。陰ながら恋の成就を願いつつ、もうしばらく観察をつづける必要がありそうだ。

(水口大輔)

アゴヒゲアザラシ 絶滅危惧レベル **Least Concern** 

学名 *Erignathus barbatus*
分類 食肉目（ネコ目）アザラシ科アゴヒゲアザラシ属
生息地 オホーツク海、ベーリング海、北極海など
調査地 小樽水族館（北海道小樽市）

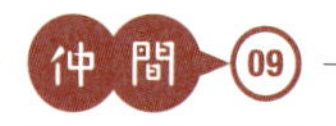

コミュニケーション

超低周波音を巧みに操るゾウのコミュニケーション力

お互いの体に触れあうことも、ゾウにとってだいじなコミュニケーション。触れあうことで安心する

ゾウは母子や姉妹などの血縁者からなる4〜12頭くらいの群れで生活する。オスは単独生活が基本だが、オスだけで群れをつくることもある。とても広い範囲を移動しながら生活し、群れどうし集まったり、離れたりをくり返す。

ゾウは声を発して仲間とコミュニケーションをとる。近くでしか聞きとれない声から、遠く800〜1,500m先に届く声まで、じつに広い音域の声で合図しあっている。その声は、トランペット、ロアー、チャープ、ランブルの大きく4種類に分けることができる。

群れのなかでもっとも関心を集めるのは仔ゾウである

トランペットはいわゆる「パオーン」という音で、鼻から息を強く出して高い音を出す。仲間と遊んでいるときに出すこともあるが、怒ったときや不愉快なときに出すことが多い。

ロアー（うなり声）は、喉から出す高めの声で、コドモのゾウが苦痛を感じたときや、仲間に助けを求めるときにつかわれることが多い。チャープ（チューチュー声）は、喉と舌をつかって発する、短い音のくり返しだ。驚いたときや危険を感じたときに出す。この声を発するのはアジアゾウだけだ。

ヒトには聞き取れない低音の秘密

ランブルは、ゴロゴロとした低いうなり声で、その基底周波数（もっとも低い周波数成分）は、アフリカゾウで12Hz、アジアゾウでは15Hzという超低音である。ヒトが聞きとれる音の下限は20Hzなので、ざんねんながらこの部分は私たちには聞こえない（97ページ）。このような低い音を出せるのは、約8cmもの長い声帯と2mを超える鼻のおかげである。

音は発生源から離れるほど小さくなるが、ランブルのような超低周波音は音圧が弱まりにくいので、はるか遠くまで届く。この性質を利用して、アフリカゾウは、離れた群れの仲間によびかけかたり、遠くにいる交尾相手を惹きつけたりすることもあるというが、アジアゾウではこのランブルをどのように利用しているのか、まだよくわかっていない。

低音を細かく使い分けるアジアゾウ

私たちはインド南部の森林で、野生のアジアゾウの音声コミュニケーションを研究している。歩いてゾウの群れを追跡したり、ゾウが頻繁に訪れる水場で待ち伏せたりしながら、できるだけ音を立てないように注意して、彼らの声を録音するのだ。

録音した音の周波数を分析し、行動パターンと照合すると、アジアゾウの発するランブルはたんに低音であるだけではなく、相手との距離で声の高さを細かく変化させていることがわかってきた。相手と近距離で接触しているときには基底周波数の高い声を出し、相手がまったく見えないほどの長距離では、より低い音を出しているのだ。低音ほど遠くまで伝わることを考えると、理にかなった選択といえそうだ。また、人間やほかの動物の接近など、危険がともなう可能性のある状況では、周波数が低くて長く続く特別なランブルを発してほかの個体に注意をうながすこともわかってきた。

こうした音の使い分けを手がかりに、研究をすすめれば、彼らがなにを伝えあっているのか、もっと理解できるようになるだろう。

(Nachiketha Sharma)

アジアゾウ　絶滅危惧レベル **Endangered** EN

学名 *Elephas maximus*
分類 アフリカ獣上目長鼻目（ゾウ目）ゾウ科アジアゾウ属
生息地 インド、タイ、マレーシア、ミャンマー、スリランカ、インドネシアなど

おしゃべりなヤブイヌ

ヤブイヌは、オスとメスのペアとそのコドモで構成される群れ(パック)をつくる。足の指のあいだには水かきがあり、泳ぎも上手だ。集団で行動するときに一列に並んで移動したり睡眠をとったりする

ヤブイヌは、アマゾンの熱帯雨林やセラード(ブラジル中央部のサバンナ気候地域にみられる植生)に生息するイヌの仲間であるが、飼いイヌとはかなり違った特徴をもつ。モグラやミニチュアダックスフントと似た胴長短足の体型のおかげで、彼らがおもに暮らす藪や穴の中でもスムーズに移動ができる。

集団での移動時に縦に並んで移動したりするなど、3〜7頭の群れをつくり生活している。140km^{2}にもおよぶ範囲を毎日移動しながら、自分たちよりもひとまわり大きいカピバラなどの獲物を集団で狩る。足しげく移動しつづける彼らを野生下で見つけるのはむずかしく、これまであまり調査がされてこなかった。現地の住人でさえ、その存在を知る人は少ない。

9つの声をつかいわける

野生での観察は困難だが、幸いにも日本では5つの動物園でヤブイヌが飼育されている。動物園のヤブイヌは、休む間もなく声を出している。彼らはこんなに頻繁に声を出して、なにを伝えようとしているのだろう。興味をもった私は、京都市動物園でその声を録音しながら、彼らを観察することにした。

その結果、ヤブイヌの声を9種類の音声タイプにまとめることができた。とりわけ頻繁に使われるのは、「プープー」と「キュワキュワ」という声だ。

「プープー」は、群れの仲間が近くにいるときによく発する声で、たえず出しつづけている。この鳴き声には、ヤブイヌどうしが互いの位置を確認しあう意味があるようだ。音量は小さく、聴こえる範囲は狭いが、互いの声が聞こえる範囲内に仲間が集まることで、群れの凝集性を高めているのだろう。

こまめなあいさつで一致団結

「キュワキュワ」の発声時には、尾を振る、耳を後ろに倒す、お腹を見せるなど、飼いイヌでもよく見かける「服従行動」をともなう。この鳴き声は、自分が仔犬のように無抵抗で弱い存在であることを相手に示し、咬みつきなどの攻撃を抑制する意味をもつようだ。群れ内の上下関係を明確にして、仲間どうしでむやみに争うことを避けるのだろう。ヤブイヌの仔犬がこの行動を示す場合には、親犬に給餌など世話を誘発するようだ。

南米アマゾンには背の高い植物が密生している。群れの仲間を見失わないよう、声を発して互いの居場所をつねに確かめあう必要がある。ジャガーやアナコンダのような捕食者に対抗するには、こまめにコミュニケーションをとり、協力関係を維持することもだいじだろう。体の小さなヤブイヌたちにとって「おしゃべり」は、過酷なアマゾンの環境で生きていく術なのだ。

（小林宜弘）

ヤブイヌのメスは逆立ちをしておしっこをする。季節によって川の水位が変わり、森が水面下に沈むアマゾンの環境下でマーキングが消えないよう、できるかぎり高いところにおしっこをしていると考えられている

服従行動では、尾を振る、耳を後ろに倒す、お腹を見せるなどの行動をとる（スケッチ：小林奈央）

ヤブイヌ

絶滅危惧レベル **Near Threatened** NT

学名 *Speothos venaticus*

分類 食肉目（ネコ目）イヌ科ヤブイヌ属

生息地 3亜種おり、*S. v. venaticus*はボリビア東部、ブラジル中央部、エクアドル東部、ガイアナ、パラグアイ北部、ペルー北東部に、*S. v. wingei*はブラジル南東部に、*S. v. panamensis*はパナマに分布している。

調査地 京都市動物園

仲間を見つめるオオカミの目

イヌが飼い主の顔や動きをじっと見つめることがある。この行動は人に懐いたイヌに限った話かというと、じつはそうでもない。ハイイロオオカミが仲間を見つめる時間の長さは、平均して3秒ほどである。ためしに3秒間、予告せずに友だちを見つめてみるといい。3秒は意外と長く、こちらが見つめていることに友だちが気づくには充分な時間だ。

視線の動きを際だたせる形態

イヌやオオカミは、なぜ飼い主や仲間を見つめるのか。イヌは、本来の生態とは関係なく、人の使役目的に合わせて姿かたちや行動を変えられていることが多いので、ここではイヌと共通の祖先をもち、行動にも共通点の多いハイイロオオカミに的を絞り、観察からわかったことを述べよう。

オオカミが仲間を見るとき、立ち止まって体を動かさず、顔だけを相手に向けることが多い。相手の動きに合わせて顔の向きを変え、相手がなんらかの反応を返すまで、ときには40秒ちかく見つめつづけることもある。しかもその顔の皮膚や毛は、目もとを強調する色彩であることに、私は注目した。

オオカミの目は人間の目とは違って、白目は見えず、眼球を取り囲む結膜と、虹彩と瞳孔とで構成されている。ほとんどのオオカミの結膜は黒にちかい濃い色をしている。光の取り入れ口である瞳孔はもっとも暗い色。虹彩は個体差で濃淡はあるものの、おおむね黄色。その構図はまさに目玉模様である。

仲間を見つめるハイイロオオカミ。視認できる距離にいる仲間とのやりとりはとても静かで、あまり音声を出さない(公益財団法人東京動物園協会多摩動物公園で撮影)

さらに顔の上半分の毛色が濃いオオカミのなかには、目の周りの毛色だけが薄い種類もいて、目もとがより際だつ。つまり、目の位置だけでなく瞳孔の位置も目だつので、どこに視線を向けているかがわかりやすい。こうしたオオカミの顔の色彩パターンは〈目・視線強調型〉といえる。

群れで暮らすオオカミにとって仲間との意思疎通は重要で、顔の表情だけでなく、耳や尾、全身のしぐさなどの視覚的な合図もつかう。だからオオカミは、互いの意思を確かめやすいように目と視線を強調しながら仲間を見つめるのではないかと考えられる。

ハイイロオオカミの群れは、両親とそのコドモたちからなる家族集団が基本。3～15頭ほどで、「なわばり」をつくって暮らす。姿が見えない家族や、直接会いたくないライバルの群れには、遠吠えで伝えることもある

目は口よりも多くを語る

オオカミ以外のイヌの仲間（24種）の顔のパターンも同じように調べると、オオカミと異なる2パターンに分けられることがわかった。

一つは、目の周りの毛色が薄くて目は目だつが、虹彩の色が濃いので視線は目だたない〈中間型〉である。これはキツネ類に多い。もう一つはタヌキに代表されるタイプで、結膜、虹彩、瞳孔のすべてが濃い色なので目と視線がまったく目だたない〈目・視線隠蔽型〉。

中間型のフェネックと隠蔽型のヤブイヌとで、仲間を見つめる時間を比較したところ、それぞれ平均2秒と1.4秒で、目を強調しないタイプほど、相手を見つめている時間が短いことがわかった。

オオカミと同じように群れで暮らすイヌの仲間でも、かならずしも〈目・視線強調型〉とは限らない。となると、オオカミとは違った行動をとることは予想できるが、その理由や具体的な違いは、まだ明らかになっていない。ここから先はぜひ、読者自身で調べてみてはどうだろうか。

（植田彩容子）

ハイイロオオカミの顔と目のモデル

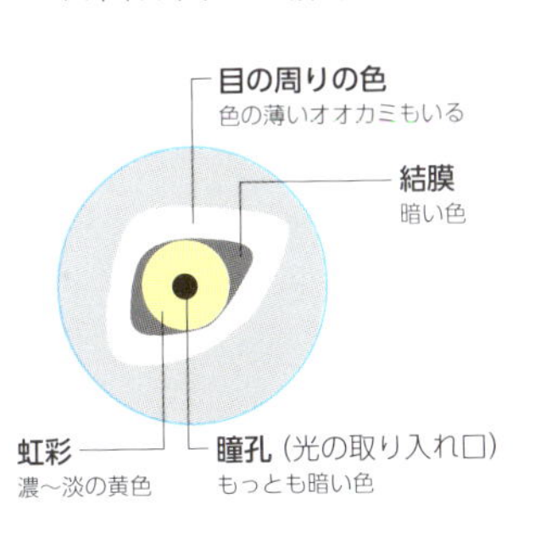

中間型（フェネック）

視線隠蔽型（ヤブイヌ）

ハイイロオオカミ

絶滅危惧レベル　Least Concern　LC

学名　*Canis lupus*
分類　食肉目（ネコ目）イヌ科イヌ属
生息地　ユーラシア大陸、アメリカ大陸
調査地　公益財団法人東京動物園協会多摩動物公園、名古屋市東山動植物園

仲間 12

コミュニケーション

ハトから見た世界を疑似体験

鳥のように空を飛び、空から地上を見おろしてみたいと、いちどは思ったことがあるだろう。ドローン技術によって、その夢はいっそう身近なものになった。

では、鳥は飛んでいるとき、どのように世界をみているのだろうか。素朴な疑問だが、これを科学的に検討した研究はほとんどない。どうすれば調べられるのだろうか。

試行錯誤で完成させたハト用ヘルメット

人間はなにかを見るとき、眼球と頭の両方を動かすが、鳥は眼球をあまり動かさず、頭を動かすことで視線を移動する。だから、鳥の視線を調べるには頭の動きを調べればよい。

実験室内で飛行中のハトの頭の動きを調べるには、高解像度カメラで全身を撮影するなどの手段があるが、野外を自由飛行する鳥にこの手法は使えない。そこで注目したのは、近年小型化したカメラやセンサである。それらを活用すれば、野外の鳥の視線を調べられるかもしれない。

手始めにレース鳩を対象にすることにした。レース鳩には、遠く離れた場所で放しても、もとの小屋まで帰ってくる強い性質がある。つまり、レース鳩に装置をつけて放せば、後から装置とデータを回収しやすい。レース鳩の研究で実績のあるイギリス・オックスフォード大学に出向いて共同で研究することにした。

まず、カメラやセンサなど、記録装置を頭に固定するヘルメットを自作するところからスタートした。もっとも苦労したのは、装置の位置が振動などでずれることのないように、装置をしっかりとハトの頭に取りつけるくふうである。人間のヘルメットのように、紐をあごのあたりで固定すればかんたんだが、飛んでいる鳥はのどを波打たせて激しく呼吸するので、のど元にその障害となるものはつけられない。この問題の解決にじつに3か月もの期間を要したが、細い針金とプラ板(シート状の薄いプラスチック板)をうまく組みあわせてなんとかつくることができた。その成果は、写真を見て確かめてほしい。

ハト用ヘルメットをつけるハト。飛んでいる鳥の呼吸に影響しないように、のど元を締めつけない形状にデザインした。そのためヘルメットは嘴の根元と頭の後ろで固定している

ぶれない視線で目標物をとらえる

手づくりの装置をつけて、小屋から数km離れた地点でハトを放してみた。帰ってきたハトのデータを回収し分析して、素朴に驚いたのは、飛んでいるハトの頭がとても安定していることだった。人間の目のように、すばやい動き(サッカード)と静止のリズムをくり返すのだが、静止のタイミングでは、羽ばたきなどにも影響されず、頭はまったくぶれがない。ハトの頭はドローンについているような、高性能のぶれ安定装置(ジンバル)の役

記録装置をつけて飛ぶハト

割をもっているようだ。

ただし、ドローンのジンバルとは異なり、ハトはサッカードをくり返すことで(つまり視線を動かすことで)、空中でさかんに周囲を見渡していることもわかった。帰り道の道標に近づいたときや、仲間のハトといっしょに飛んでいるときには、すばやい頭の動きの頻度は低くなった。つまり、道標や相手のハトを視野に入れてじっと見ているのだ。

頭の動きを調べることで、鳥が飛行中になにをどのように見ているのかを特定できるようになった。こんごは、ハトがナビゲーション中にどのように道標を見ているのか、分析をすすめたい。集団で同時に飛行中のハトが、相手のハトの飛行をどのように確認しているのかを知りたい。ハト以外にも、知能の高いカラスにも同技術を応用してみるのもおもしろいだろう。研究はまだはじまったばかりだ。

(狩野文浩)

記録装置。全地球測位システム(GPS)で飛行の軌跡を記録し、慣性測定装置(IMU)で頭の動きを記録する

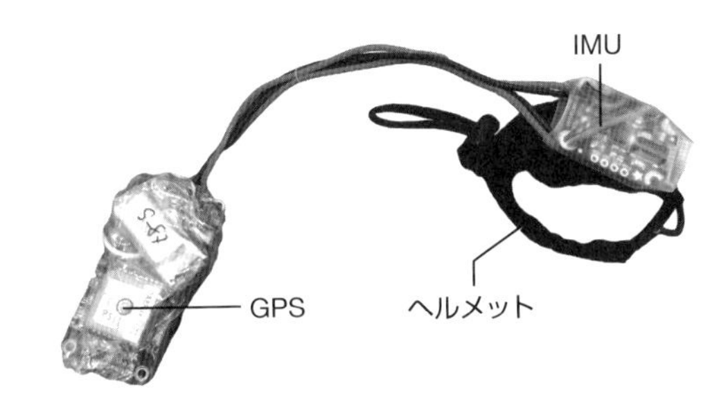

カワラバト 絶滅危惧レベル **Least Concern** LC

学名 *Columba livia*
分類 ハト目ハト科カワラバト属
生息地 野生種はヨーロッパ、中央アジア、北アフリカ。家畜化によって都市全域
調査地 イギリス・オックスフォード

▶ボノボ

コンゴの熱帯雨林でボノボと会う

早朝5時、赤道に近いワンバ森林の中はまだ真っ暗である。朝霧がたちこめ、木々の葉に光る朝露が服を濡らす。私は大木の根元に座り、顔や首筋に群がるブヨと格闘しながらそのときを待った。

暗闇に揺れる艶かしい影

森の中が白みだしたころ、樹上から「ガサガサ」、「バキッ」という音が聞こえた。すかさず立ち上がって見上げるが、薄暗闇の中に揺れる木の枝が見えるだけである。小枝や葉が樹上から降ってくる。つづいて「ピャー、ピャー」という甲高い声が響きわたり、それに呼応するように「ワッワッ」、「ビェー」、「ビャービャー」といった、やはり甲高い声があちこちから重なる。朝のあいさつにしてはなんとも騒がしい。

伊谷原一

フィールド
コンゴ

←カミキリムシの幼虫。森の中では貴重なタンパク源である。ひじょうに美味

樹上数mに2つの黒い影が見えた、つぎの瞬間、枝にぶら下がった2つの影が足でたがいの胴体をはさみ、双方の股間をこすり合わせはじめた。薄暗い森の樹上

ホカホカのようす。ボノボのメスに特有な行動で、たいていは順位の高い個体が下になる

で、2つのピンク色の丸い物体が左右に揺れるようすはなんとも艶めかしい。これが私にとって生まれてはじめてのボノボとの出会いだった。そして、「なんちゅうことをしてくれるんや！」というのが私の最初の感想だった。私が目にしたこの行動がボノボのメスに特有の「性器こすり」である。

焼き畑に出てきたボノボの母子。コドモが幼いあいだは腹に抱いている

ホカホカは、緊張緩和の特効薬

現地では「性器こすり」のことを「ホカホカ」とよんでいる。「性器こすり」ではあまりにも露骨なので、私たちもそれに倣って「ホカホカ」とよぶことが多い。先述したように、ボノボのメスだけがおこなう行動だが、ボノボ社会においてきわめて重要な役割を果たしている。

トラッカーたちと。森を知りつくしたトラッカーと道切りのスタッフ。ボノボの追跡に彼らは欠かせない

たとえば集団全体が緊張したときなど、集団内のいたるところでメスどうしが抱き合ってホカホカをする。また、メスどうしのもめごとのあとも、その当事者間でホカホカがおこなわれる。つまり、ホカホカは個体間の緊張を緩和したり仲直りをうながす機能をもっているらしい。

ボノボは唯一、異なる集団が出会っても闘争をしない類人猿であるが、2つの集団が出会ったときに良好な関係を導くのもメスのホカホカである。ボノボたちはこの行動を通じて、集団内だけでなく集団の枠を超えて安定した地域社会を実現しているのである。

フィールド生活 1・2・3

1：私の装備品
2：フィールドごはん
3：寝床、トイレ……生活あれこれ

1 双眼鏡、フィールドノート、ペン
フィールドワークの三種の神器である。とりあえずこれさえあれば仕事はできる。詳細に観察し、見たままを記録することがフィールドワークの基本だろう。装備品ではないが、森の案内人であるトラッカー（現地調査補助員）の存在も欠かせない。

2 「郷に入れば郷に従え」のことばどおり、現地の食事が中心になる。主食は発酵させたキャッサバイモの団子、おかずは川で捕れた魚や森で採集した植物、昆虫など。フィールド調査を始めた1984年当時は小動物の肉も食卓に並んだ。

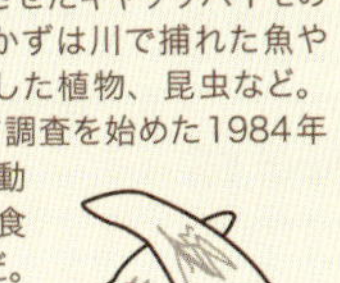

3 湯浴み
1日の仕事が終わるとバケツ一杯のお湯で汗を流す。水ではなくお湯にすることで疲れが癒える。この一杯だけで頭から足の先まで洗うのだが、慣れてくると体を洗うだけでなく下着くらいは洗濯できるようになる。

コミュニケーション

試されているのは人間のほう？

並んでタッチパネル画面上の問題を解く熊本サンクチュアリのチンパンジーたち

「認知研究」とは、かんたんにいえば「心」を調べること。「チンパンジーはなにを考えているの？」、「世界をどう見ているの？」。それを探るのがチンパンジーの認知研究だ。

これまでの研究で、チンパンジーには道具をつかう能力があること、手話や図形文字をつかって人間と会話ができることなどがわかった。私の研究からも、チンパンジーが相手と息を合わせて協力できること、逆に相手をだます能力もあることなどが確かめられた。

チンパンジー　絶滅危惧レベル **Endangered** EN

学名 *Pan troglodytes*
分類 霊長目（サル目）ヒト科チンパンジー属
生息地 アフリカ大陸
調査地 野生動物研究センター 熊本サンクチュアリ

まずは仲良くなること

研究対象はおもに飼育施設で暮らすチンパンジー。現在の研究場所は、野生動物研究センターの熊本サンクチュアリ。3.3haの広い土地に60人前後のチンパンジーたちが暮らしている。

認知研究の一つに、コンピュータで作成した問題をタッチパネルに表示して、チンパンジーに回答させる方法がある。実験をする前に、なによりたいせつなのは、研究相手のチンパンジーと仲良くなることだ。もし、あなたがとつぜん見ず知らずの人に囲まれて、いろいろなテストを受けさせられそうになったらどうするだろう。怖くなって逃げようとしたり、緊張で体が固まったりするだろう。

チンパンジーでも同じことだ。長くつきあっている人には心を許して自然なふるまいをするし、はじめて見る人には警戒して、「あっち行け!」、「じろじろ見るな!」という態度をとったりする。これは、チンパンジーが一人ひとりの人間をきちんと見分けていることの裏返しでもある。

うまくゆく研究は、じつは少ない

チンパンジーと仲良くなって、研究ができるようになっても、すべてがうまくゆくわけではない。私の場合、きちんと成果の出た研究は、全体の半分にも満たない。

まあ、「私の努力が足りない」という部分もある。きちんと成果が出る前にあきらめてしまうからである。あるいは、チンパンジーが私の予想を超えた行動をしてうまくいかないこともよくある。

たとえば、タッチパネルをつかった研究で、アルファベットの順番を学習させようとしたときのこと。タッチパネル上に表示されるABCを、正確な順番で触れば正解となる。チンパンジーのミズキは、Bの文字をまったくタッチしようとしなかった。いろいろと可能性を試したところ、どうも、ミズキはBの文字の見た目が嫌いだったようだ。人間にも、理由をうまく説明できない好き嫌いがあるように、チンパンジーにも好き嫌いやこだわりがある。研究する側は、そこまでふくめて、チンパンジーを理解しなければならない。

人間がいろいろとチンパンジーにテストをしているように見えて、じつはテストされているのは人間のほう。研究者の想像力と理解力が試されているということなのだろう。

(平田 聡)

左から、森村さん、イロハさん、ミズキさん、平田

動物園のひとくふう 03

「なにしてるんですか?」は、願ってもないチャンス!

野生動物の本なのに、「どうして動物園の話をするの?」と思うかもしれないが、動物園は野生動物の保全にかかわるとてもだいじな役割を担っている。2008年、京都大学と京都市は、京都大学野生動物研究センターと京都市動物園を中核施設として、「野生動物保全に関する研究と教育のための連携協定」を結んだ。2008年以前にも、大学の研究者たちが動物園と協力し、研究をすすめていたが、この協定が本格的に研究をすすめるきっかけとなった。

2008年から京都市動物園で研究活動を始めて、かれこれ12年になる 。私の専門は霊長類学、とくに知性の進化を探る比較認知科学だ。動物園で対象とするのは、チンパンジー、ニシゴリラ、シロテテナガザル、マンドリルの4種。共通の認知課題をつかって、学習過程やその過程で見られる動物たちの行動を調べている。

実験のようすを一般にも公開

タッチモニターの画面に表示されたアラビア数字を、数の小さなものから順に触れるという課題がある。しかし、動物たちには数字の意味はわからないから、段階を踏んで覚えなければならない。動物園では、この研究のようすを来園者にすべて公開している。京都市動物園では、動物たちが学習

動物園では、お客さんに直接話しかける機会がある。研究の意義だけでなく、野生の現状を伝えるチャンスでもある

ニシゴリラのモモタロウ。写真は熱心に勉強しているところだが、気が向かない日には、画面には目もくれず、のんびりと草を食べていることもある

する過程を観察できるのだ。

動物たちにとって、それは「お仕事」ではない。学習課題を解くと、少しの「ごほうび」がもらえるが、それはおやつていど。食事は決まった時間にきちんともらえるので、「気が向けば」タッチモニターの前にみずからやってくるし、いやになったら離れていく。学校ではないので、不まじめだからといって先生に叱られることもない。それでも、動物園での生活は野生動物にとって退屈で、暇をもてあましがち。待っていれば、だれかは来てくれるので、相手に合わせて、学習課題を提示する。

「語り・伝える」ことも私たちのしごと

研究をはじめた当初は、動物たちがなかなか寄って来てくれなかった。でも、「継続は力なり」で、いまでは私が動物たちのところへ行けば、みずから課題をはじめてくれる。そうはいっても、寒い日や暑い日、体調が悪いときには、動物たちもやる気が出ないらしい。そんなとき、実験室でぽつんと待つ私の姿は、来園者から見れば、なにをしているのかわからない、怪しい人に映るかもしれない。「なにをしているんですか？」と尋ねられることがある。この瞬間は、むしろチャンスだ。ここぞとばかりに実験の目的や動物たちのようすを話す。来園者が増える休日には、動物に見入るみなさんにこちらから話しかけて、エピソードを披露する。「へぇ」、「おもしろい」と興味をもってもらえると、やりがいを感じる。動物園の職員は、動物たちの解説員でもある。遠慮なく話しかけてほしい。

（田中正之）

▶チンパンジー

すごく「わかる」けど、まだまだ「わからない」、進化の隣人チンパンジー

桜木敬子

フィールド
アフリカ・タンザニア
対象動物
チンパンジー

私はアフリカのタンザニアでチンパンジーを追いかけている。チンパンジーのなにがおもしろいって、やはり行動が「人間くさい」ところである。人間が「チンパンジーくさい」といってもよいのだが。

みごとな「ビビりっぷり」に共感

ヒトもチンパンジーも、集団で生活し、「社会関係」を重んじる種である。チンパンジーのほうがずっと行動や感情表現が大げさな気もするが、だからこそ、私は否が応でも彼らに感情移入してしまう。

私が好きなのは、たとえば、チンパンジーが「ビビっているとき」。りっぱな体躯のオトナオスも、自分より立場が強いオスが興奮して暴れまわっていると、ビビることがある。そんなとき、彼ははっきりとそのビビりっぷりを表出し、泣いたような顔をしてメスといっしょに「キャー！」と叫んでいたりする。

それから、ヒョウやイボイノシシなどの大きな動物がそばにいて、あたりに緊張した空気が漂っているとき。ビビっているチ

マハレ山塊国立公園で撮影したチンパンジーの姉妹。お姉ちゃんに遊んでもらっている赤ちゃんのようす。笑いすぎてすごい表情になっている

ンパンジーにべつのチンパンジーが近づいて、「だいじょうぶだよ」とばかりに、ポンと肩をたたくことがある。私は思わず「いい奴」などとフィールドノートにメモする。

左から、お母さん、赤ちゃん、お姉ちゃん。なかよくお昼寝中だが、赤ちゃんはすこし飽きてきたようだ。マハレ山塊国立公園にて

ヒトは謎に惹かれてしまう生きものだ

チンパンジーは大げさだと書いたが、彼らはいつもいつもわかりやすいわけではない。たとえば、チンパンジーは日常的な「あいさつ」や毛づくろいのやりとりなどで社会関係を維持しているといわれる。たしかに、ヒトでいえば「気遣い」、「世渡り力」みたいなものが重要であるとは思うのだが、下位の個体が上位の個体にあいさつを欠かさないのかといえば、そうでもなかったりする。つねに機械的なルールがあてはまるのではなくて、なにかもっと柔軟というか、微妙なのだ。

私がもっとも不思議だったのは、「とある事件」の現場に居合わせていなかった個体が、事の顚末(てんまつ)を正確にわかっているとしか思えない行動をとったことである。私たちが理解している以上に五感が優れているのか、推論の能力が高いのか、その両方なのか……。

チンパンジーにハマる人はこの、「ヒトに似ているがゆえに共感したり投影したりしてしまう感じ」、なおかつ「謎めいていてまだまだ解明されていない感じ」に惹かれるのかもしれない。

フィールド生活 1・2・3

1 必須10アイテム
ノートとボールペン／双眼鏡／マスク（チンパンジーへの感染予防）／地図／コンパス／デジタル腕時計／折りたたみ傘／レインジャケット／水（乾季は1Lくらい、雨季は400mLくらい）／おにぎり

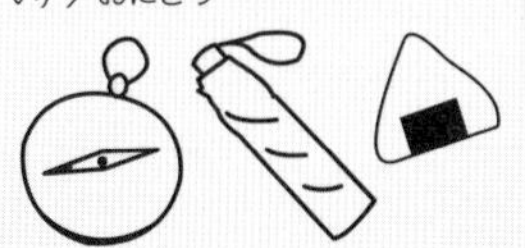

2 基本的には、現地スタッフが朝晩つくってくれる。飯ごうで炊いたごはんに干し魚や野菜のスープなど。森で採れたキノコをくわえることもある。食材の多くは週にいちど、ボートで30分ほどの小さな村の市場で調達してもらう。雨季には、日本では食べたことのないような甘くておいしいマンゴーが、日本円にして5円ほどで手に入る。

3 あばら家のような建物の共有スペースは三方にしか壁がない。まるで舞台のように正面から中が丸見え。寝室は個室で、丸見え部分の周囲に配置されている。ソーラー発電の蛍光灯が一つあり、かろうじて文化的な生活ができる。トイレは地面に掘った穴。お風呂の代わりに、毎日、水とたき火で沸かしたお湯（どちらも川の水）をバケツに一杯ずつつかう。

熊本サンクチュアリで暮らす
チンパンジー・ムサシ（撮影・
鵜殿俊史）

3章

動物と人との関わり

研究でわかってきた
動物と人との関わり

動物たちの暮らす世界に、人間の影響がおよんでいます。
人口が増え、技術革新がすすみ、経済活動が拡がり、影響の範囲は大きくなるいっぽうです。
人間の影響で、絶滅に追いやられた動物もいます。
そうしてはじめてヒトは、野生動物の生息地を守り、
そこで動物たちがいきいきと暮らすための努力が必要だと気づきはじめました。
生息地を守ることにくわえ、動物園などの飼育施設の役割も大きくなってきました。
健全に飼育して、繁殖し、個体数を維持することも、種を存続させるうえでだいじなのです。
本来の生息地の外で野生動物を守る活動は、生息域外保全とよばれます。
私たちの多くは都市に住み、生活に必要なあらゆる物をお金で買って暮らしています。
しかし、もともとは人間も野生動物として、自然のなかで生きてきたはずです。
そのときの暮らしぶりや、価値観はどんなものだったのでしょうか。

人と暮らす動物

動物には長いあいだ、人とともに暮らしてきたものがいます。私たちに身近な飼い犬や飼い猫は、もともとは野生動物でした。人といっしょに暮らすなかで、人とうまくつきあえるような性質が選ばれてゆきました。エンジンがなかった時代には、ウシやウマのような大きな動物のもつ力が重宝されました。人力ではびくともしない大きなものを動かしたり、運んでくれたのです。いまでも、こうした動物たちの力を借りて、深く関わりあいながら生きる人びとがいます。

動物を守る

動物を守り、種を存続させるには多くのことが必要です。いちどにできるものではありません。そもそも、動物はどこに、どれくらいの数がいて、それは減っているのか、増えているのかを調べるのもたいへんです。動物の暮らしや生活と、人間の与える影響との両方を知り、悪影響をできるだけ取り除くことも必要です。
たとえば、めずらしい動物や、角や毛皮を高値で買い求めることは、密猟の原因となり、種の存続に関わります。生息地から遠く離れて暮らすからといって、けっして無関係ではないのです。
いっぽう、野生下で数の減った動物を飼育下で繁殖させ、ふたたび野生にもどすことも、現実的な手段となりつつあります。動物の繁殖を手助けする技術もすすんでいます。

人と自然

現代、人間と自然とは対立するものと捉えられがちですが、もともとは人間も自然の一部として生きてきました。しかし、世界各国で工業化がすすみ、自然とともに生きてきた人たちの知識が世代交代とともに徐々に失われようとしています。いっぽうで、自然を紹介する書籍や映像は、その質を向上しながら、どんどんと増えています。

　経験による自然の知識が減るかたわら、私たちヒトの蓄積されたデータは増えているという情況で、私たちは自然とどう向き合えばよいのでしょう。

人と暮らす動物

ゾウのことはなんでもわかるゾウ使い

タイの東北部のスリン県タクラン村では、ゾウは人と同じ道を歩く。まるで飼い犬のように、どこの家の前にもあたりまえにゾウがいる。この村には昔から、幼いころからゾウとともに生活し、ゾウとともに仕事をして生計を立てる「ゾウ使い」が暮らしている。彼らは、ゾウをあつかうプロフェッショナルだ。

ともに暮らし、心を通わす

私はこのタクラン村でゾウどうしの社会行動を観察するなかで、多くのゾウとゾウ使いに出会った。もっとも魅力を感じたのは、ゾウとゾウ使いの絆だ。ゾウ使いはゾウの考えていることを理解し、行動する。のどが渇いているのか、友だちのゾウに会いたがっているのかがわかるという。長いあいだともに生活しているから、ゾウもゾウ使いがなにをしようとしているか、自分がなにを求められているのかを理解しているように見える。

しかも、ゾウとゾウ使いの絆は、ゾウ使いの周りの人にも影響する。私がお世話になったゾウ使いのゾウ、ファーサイ(♀、24歳)は、しだいに私のこともだいじな存在としてあつかってくれるようになった。私が彼女の後ろを歩いているときは、ほかのゾウから遅れをとってでも、私のことを気にかけ、ときどき後ろをふり返りながらゆっくりと歩く。

高性能のセンサのような足の裏

彼女に助けてもらったこともある。いっしょに村周辺の道を歩いていたとき、彼女がとつぜん足を止め、後ろを見た。彼女の見た方

ファーサイとゾウ使い。20年以上ともに生活している彼らは、互いのことをとてもよく理解している

タクラン村周辺では７月下旬になると、出家する男性たちがゾウに乗ってパレードするのが古くからの習慣。人びとの生活にゾウが深く関わっている

向を見ると、３頭のゾウがこちらに向かって猛ダッシュしていた。ファーサイの行動のおかげで、私もゾウ使いもその状況に気づき、道の脇に寄って危険を避けることができた。

ゾウは大きな体にもかかわらず、足の裏にある脂肪などでできたクッションのおかげで、とても静かに歩いたり走ったりできるので、後ろから近づくゾウに人はなかなか気づけない。おまけに、ゾウの足の裏はとても敏感で、わずかな振動も感じとれる。だから、ファーサイは私たちよりも早く、後ろから走ってくるゾウに気づいたのだ。

そもそも体の大きな彼女は、わざわざ彼らをよける必要はなかった。３頭のゾウが走り抜けたときも、堂々と道の真ん中に立ったままだった。自分のためだけなら、わざわざ立ち止まって後ろをふり返る必要はなかっただろう。彼女の行動は、私たちに状況を教えるためだったと思われる。彼女がそうしたのも、ゾウ使いのことを深く信頼しているからこそだと感じた。

ゾウ使いは、生活のすべてをゾウに捧げる。そのなかで築かれるゾウとの絆は、私にとって魅力のつきないものでありつづける。

（安井早紀）

人と暮らす動物

エジプトの未来を支えるラクダ

「砂漠の船」が運ぶ可能性

ラクダを座らせて、背中に乗ろうとしているところ。ラクダへの乗り方は、これが一般的

アラビア半島から北アフリカには、かつて最古の文明が栄えたアラブ地域が拡がる。アラブを形成する国のひとつ、私の故郷、エジプトでは、多くのラクダが飼育されている。

ラクダ科ラクダ属には2つの種があり、エジプトに生息するのは、背中のコブが1つだけのヒトコブラクダだ。中央アジアに生息するフタコブラクダは、エジプトでは動物園でしか見られない。

エジプトでの暮らしに欠かせないラクダ

エジプトと聞いて、日本人のみなさんが思い浮かべるのは、ピラミッドのそばを優雅に通りすぎるラクダのキャラバンだろう。

エジプトの土地の90%以上をサハラ砂漠が占めている。降水量が少なく、1日の寒暖差の大きい過酷な砂漠の気候に適応して、ラクダは大量の水を体内に蓄えることができる。水を飲まずに何時間も歩けるので、砂漠での移動や荷物運搬には欠かせない。アフリカ、ヨーロッパ、アジアの三大陸との交易や文化交流を支え、ローマ帝国の勢力拡大やアラブ地域の文明の発展にも貢献した。

ラクダはかつては「砂漠の船」ともよばれ、砂漠の遊牧民にとってたいせつな移動手段だったが、船や飛行機などの輸送技術の進

未知のボールへの反応。(左)怖がってジャンプする。(右)興味を示して、においをかぐ

展により、その役割をゆずった。エジプト軍にはいまも「ラクダ部隊」があり、国境警備や砂漠地帯のパトロールに活躍しているが、これは特別な例で、ラクダの出番はもっぱら、観光イベントやラクダレースなどである。

ラクダの家畜化がもたらす高付加価値

ヒトコブラクダの家畜化によって、たくさんの品種がつくられた。乗りものとしてだけでなく、エジプトの人びとの衣食住を幅ひろくささえている。その一つがラクダのミルク。牛乳よりも栄養価が高く、飲みものとしてだけでなく、チーズなどの乳製品にも加工される。肉はやや固めだが、仔牛の肉に似てたいへんおいしい。収穫した農作物の運搬に活躍する品種もいる。毛や皮は織物や衣服の生地に、糞は燃料になるなど、あますところなく活用される。

ラクダは基本的に気性がおだやかで、勤勉で学習能力の高い動物だが、その性格には個体差がある。家畜として人と協力して働くには、ラクダの性格も重要だ。不安を感じやすい、おとなしい、あるいは攻撃的であるなど、性格に関連する遺伝子が見つかれば、手なづけやすく、労働力の高い個体を選抜することができる。

私はラクダが未知の人間や物(ピラティス用のボール)に接するときの反応を測定し、不安や攻撃性に関連する遺伝子を調べ、その個体差を比較している(126ページ)。医療への利用という点でも、ラクダは注目されている。砂漠の植物で飼育したラクダのミルクには肝臓病や糖尿病の治療に有用な未知の機能があるとされ、研究がすすめられている。

エジプトの繁栄をささえたラクダが、エジプトの象徴として ますます活躍することを期待したい。

(Sherif Ibrahim Ahmed RAMADAN)

ヒトコブラクダ 絶滅危惧レベル **Extinct in the wild** EW [*3]

学名 *Camelus dromedarius*
分類 鯨偶蹄目ラクダ科ラクダ属
生息地 中央アジア、アラビア半島、北アフリカ、東アフリカで家畜として飼育 [*3]
調査地 エジプト

人と暮らす動物

おねだり上手なイヌ

さまざまな犬種。シェットランドシープドッグ（左右）とラブラドールリトリーバー（中央）は欧米で作られた犬種だ

愛犬のうるうるした瞳に見つめられて、つい食べものをあげてしまった。そんな経験のある人も多いだろう。

イヌは祖先のオオカミから分かれ、ヒトの近くで暮らすことを選んだ動物だ。「人類の最良の友」ともよばれるイヌは、進化の歩みのなかでヒトとうまくつきあう交流術を身につけた。その一つが、ヒトへの「おねだり」だ。

イヌ

学名 *Canis familiaris*
分類 食肉目（ネコ目）イヌ科イヌ属
生息地 南極を除くすべての大陸

飼い主をじっと見つめて訴える

イヌの「おねだり術」をテストしてみよう。用意するのはイヌが好きなおやつと蓋(ふた)付きの容器。まずは、蓋を軽くかぶせた容器におやつを入れてイヌに与える。なんどか試すと、イヌは蓋を外しておやつを食べることを学ぶ。

コツをつかんだら本番だ。かんたんにはおやつが取れないように、蓋をしっかり閉めてからイヌに与える。さて、イヌはどうするのだろうか。

イヌのおねだりテスト。多くのイヌは、おやつ入り容器が開けられないことがわかると、飼い主をじっと見る

多くのイヌは、はじめのうちはなんとかして蓋を開けようとがんばるが、しばらくすると戦術を変える。飼い主のいる方向にふり返り、目を合わせようとするのだ。さらに、飼い主の顔をじーっと長く見つめたり、飼い主とおやつ入り容器を交互に見たりするイヌもいる。イヌはまるで、「蓋を開けてよ!」と言わんばかりに、目で訴えるのだ。

ヒトを見つめておねだりするというこのような行動は、オオカミからイヌに進化するときに磨かれた「イヌらしい」特徴だ。その証拠に、オオカミはたとえ幼いときからヒトに飼われていても、飼い主とあまり目を合わせようとしない。同じテストをしてみても、容器の蓋をひたすらこじ開けようとするだけだ。そもそも、オオカミは人里離れた森や荒原で暮らす野生動物。自分たちでなんとかして獲物を捕る力は必要でも、ヒトへのおねだり術を身につける必要はないのだ。

ルーツによって得意技はちがう

いっぽう、イヌはヒトとともに暮らす家畜動物。おねだり上手なイヌのほうがヒトから食べものをたくさんもらえたり、かわいがられたりしたのだろう。

ただし、すべてのイヌがおねだり上手かというと、そうともいえない。私たちは、イヌのおねだり術のつかい方は犬種によって異なるだろうと考え、さまざまな犬種をテストしてみた。その結果、ヨーロッパや米国で品種改良された犬種の多くは、飼い主を見つめるおねだり術をみせたが、「祖先型犬種」とよばれるグループだけは、オオカミにちかい反応をみせたのだ。

祖先型犬種とはその名のとおり、イヌの祖先のオオカミと遺伝的に近い犬種グループのこと。柴犬、秋田犬、シベリアンハスキーなど、欧米以外の地域でつくられた犬種がふくまれる。祖先型犬種はオオカミの遺伝的名残を受け継いでおり、飼い主に頼るよりも、自力でがんばる「オオカミらしい」戦術を得意とする。いっぽう、品種改良が進んだ欧米原産の多くの犬種は、飼い主に目で訴える「イヌらしい」戦術が得意なのだ。

もちろん、イヌは個性豊かな動物なので、同じ犬種といえども、どちらの戦術をつかうのかはイヌによってちがう。あなたの愛犬が「オオカミらしい」戦術と「イヌらしい」戦術のどちらが得意なのか、ご紹介したテストで調べてみてはいかがだろうか。

(今野晃嗣)

性格関連遺伝子

遺伝子が性格に関与する？

学校の教室にいる友だちを見まわしてみよう。一人ひとり、見た目も性格も違っているだろう。同じように、ヒト以外の動物も同じ種であっても、一頭一頭の見た目や性格にさまざまな個性がある。このような個性は、どのようにして生み出されるのだろうか。個性を生み出すもののひとつに、遺伝子がある。

同じ種の動物であれば、遺伝子の配列（24ページ）はよく似ているが、わずかながら個体によって異なる部分がある。このような差が、見た目や体質などのさまざまな特徴の個体差を生む。そのなかでも、脳のはたらきにかかわる遺伝子の個体差は、好奇心の強さや不安の感じやすさといった、性格に影響するといわれている。

多くのデータを集める

遺伝子と性格の関連を調べるには、まず対象となる動物からサンプルを採取する。採血をすることもあるが、よりかんたんで動物に負担をかけない方法として、口の中を綿棒でこすって粘膜をとる（写真1）、毛を抜くという方法もある。そうして手に入れたサンプルからDNAを抽出し、遺伝子のどこに違いがあるのかを調べる。

その動物がどのような性格かも知っておかねばならない。「あなたはどんなタイプ？」と、動物に尋ねるわけにはゆかないので、飼い主さんや飼育係さんにアンケートをとり、その結果から性格を評定する。あるいは、特定の場面に置かれたときの動物の反応を観察する「行動テスト」で情報を集めておく。

遺伝子と行動の両データがそろったところで、遺伝子のタイプの違いで性格が異なるかどうかの分析をする。その精度を高めるにも、できるだけ多くの個体のデータが必要だ。

遺伝子で性格を予測できる？

イヌは、困ったときに人の顔を見ることがある（124ページ）。私の研究では、困ったときに人を見る回数や、人を見ている時間の長さが、ドーパミン受容体D4という遺伝子のタイプに

写真１　イヌの口内粘膜採取のようす。口の中を綿棒でこすっている

よって異なることがわかった。

このような遺伝子と性格との関連の知見がもっと増えれば、遺伝子のタイプを調べることで、その個体の性格を予測することができる。たとえば、あるイヌが麻薬探知犬や盲導犬に向いている性格かどうかを予測できるかもしれない。絶滅危惧種の野生動物を動物園で繁殖させるときには、個体どうしの相性がよいことが重要だ。そこでもこの研究が役にたつかもしれない。

ただし、性格は遺伝子ばかりで決まるものではないことを忘れてはならない。性格のなかにも、遺伝の影響が大きい部分もあれば、遺伝の影響は小さく、環境や経験が重要な部分もある。応用するには、まだまだ研究が必要である。

（堀 裕亮）

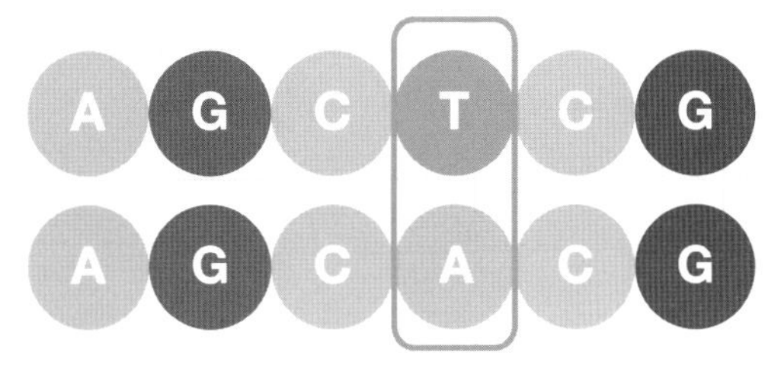

遺伝子多型の一例

用語解説

サンプル
遺伝子解析やホルモン測定のために、対象となる動物から採取するもの。

ドーパミン受容体D4
ドーパミンは、脳での情報のやり取りに使われる物質。ドーパミンを受け取る役割をするタンパク質をドーパミン受容体とよぶ。いくつかの種類があり、D4はそのうちのひとつ。

性格形成の環境要因
遺伝子以外に性格に影響を及ぼす原因のことを、環境要因とよぶ。たとえば、親の育て方や経験した出来ごとなどは環境要因と考えられている。

動物を守る

アマゾンマナティーの天敵は人間?!

国立アマゾン研究所の飼育水槽にいるアマゾンマナティー。海牛類はジュゴンとマナティーの2科が分類されている

マナティーは、海牛類に分類される草食性の水生哺乳類。大きな体に丸い尾びれをもち、水深5mほどの浅い水域に暮らしている。ゆっくりとしたその動きは愛らしく、動物園では「癒し系」として人気を集めるが、その歴史は人間の影響を強く受けてきた。

アマゾンマナティー 絶滅危惧レベル Vulnerable VU

学名 *Trichechus inunguis*
分類 アフリカ獣上目海牛目マナティー科マナティー属
生息地 ブラジル、ペルー、コロンビア、エクアドル
調査地 ブラジル

人間の活動に翻弄されるマナティー

過去には大乱獲、現在では漁網への混獲やレジャーボートとの衝突事故、生息環境の悪化など、いずれも人間の影響によって、マナティーの生息数は減っている。近年では「唯一の天敵は人間」と図鑑に明記されるようになった。

私が研究しているアマゾンマナティーは、アマゾン川で一生をすごす固有種だ。昔からアマゾン地域では貴重なタンパク源として、その肉が食べられていた。しかし、丈夫な皮

を工業用製品に利用しようと、1935年から大規模な乱獲が行なわれて、生息数が激減した。現在は法律で保護されているが、食用としてマナティーを捕獲する密漁がつづいている。密漁で負傷したマナティーを保護しているのがブラジルの国立アマゾン研究所だ。

飼育、半野生、野生の3段階で野生復帰を

じつは、保護されるマナティーはほとんどが小さな赤ちゃんだ。研究所では赤ちゃんを特製ミルクで3年ほど育てる。元気に育ったら、川沿いにつくられた半野生の湖に移動する。川の水に慣れるためのリハビリ段階だ。その数年後にアマゾン川に放流する。

私は野生復帰させるマナティーに小型の行動記録計を装着し、放流後にいつ・なにをしているのかを詳しく調べている。アマゾン川の濁った水中のようすは見えないが、記録計を使うことで、彼らの行動を知ることができる。これにくわえて研究所では、マナティーの移動経路も調べている。

元密漁者が調査員として協力

アマゾン川の奥地での長期調査は想像以上にたいへんだ。そこで、この地域に暮らす漁師さんの協力を得て、放流したマナティーを2年にわたり追跡調査している。現在は、元マナティー密漁者をふくむ計4名が調査員だ。野生のマナティーについての詳しい知識と経験をもつ彼らは、最強の協力者だ。

元密漁者というと怖いイメージをもつかもしれない。そもそも「マナティーを食べるなんてかわいそう」と思う人もいるだろう。私はこれまでに数名の元・現密漁者に出会ったが、彼らはみな、自然の恵みをいただいて生きていることに感謝していた。川沿いに暮らす人たちは、昔からマナティーの肉を利用し、彼らと共存していた。工業用の大乱獲でそのバランスが崩れてしまったが、彼らにとってはいまでもマナティーは貴重な資源だ。マナティーの現状を理解して調査に協力する彼らのように、私たちも野生動物たちの現状を知ったなら、傍観せずに具体的な行動を起こすことが必要だ。

（菊池夢美）

小型の行動記録計と尾びれのベルトを装着した放流前のマナティー

動物を守る

野生動物の「家畜化」が生態系の保全につながる

私の故郷のガーナをはじめ、アフリカ諸国の人びとの多くは、野生動物を狩って、その肉で必要なタンパク質を補っている。西アフリカではとくに、巨大な齧歯（げっし）類のグラスカッター（ヨシネズミ）の肉が好まれている。牛肉よりも値段が高いくらいだ。

野生のグラスカッターの狩猟方法のひとつに、森に放火し、火から逃げてきたところを捕まえる「追い出し猟」がある。森が燃えてしまうため、多くの野生動物の生息地が破壊されるだけでなく、ときには近隣の集落まで燃え拡がり、人命が失われることがある。無計画な乱獲によって数が激減し、なかには絶滅してしまった種もいる。

グラスカッター 絶滅危惧レベル Least Concern 

学名 *Thryonomys swinderianus*
分類 齧歯目（ネズミ目）ヨシネズミ科ヨシネズミ属
生息地 サハラ砂漠以南、および南西部を除くアフリカ大陸
調査地 ガーナ共和国

ひとことメモ　野生に生息する巨大な齧歯類で、飼い猫ほどの大きさになる。外見はヌートリアやカピバラに近い。英語で「芝刈り機」を意味する名前は、イネ科の草をおもに食べることからついた。

人気の高いグラスカッターの家畜化

野生動物の肉を食べることは、エボラなどの深刻な感染症をもたらすこともあるが、動物性タンパク質は子どもの成長や健康維持には欠かせない栄養源。暑くて乾燥した気候では家畜の飼育はむずかしいこともあり、狩りをつづけるしかないのが現状だ。

そうした現状を変えようと、私たちはタンパク源として野生動物の家畜化に取り組んでいる。その一つがグラスカッターだ。ガーナの在来の動物で、気候に適応しているグラスカッターの飼育と繁殖が成功すれば、自然環境を破壊することなく、タンパク質の摂取量を向上させられる。

私たちはGIfT（グラスカッターによる農村の改革）というNGOを結成し、まずはガーナ北部で飼育をはじめた。とりわけ気候条件が厳しく、家畜の飼育には適さないとされてきた地域だが、約3年で50戸あまりの農家が、計200匹以上を飼育するまでに拡がった。

「遺伝的マーカー」で生産率を高める

私たちは農家をこまめに巡回し、グラスカッターの状態をチェックしたり、飼育方法の相談に応じている。こうした機会を活用して、村人たちの日々の食事の品目や消費量の調査も実施した。さらには、小・中学校で環境保全や栄養バランスの重要性を伝える授業をしたり、地域の婦人団体と肉の加工保存の実習などにとりくんでいる。地域の人びとが自身の健康状態に関心をもち、環境問題への理解を深めてもらうことが目的だ。

こうした普及活動や教育活動と並行して、家畜の品種改良の研究もすすめている。農家の人たちが飼育しやすくなるように、おとなしくて繁殖能力の高い個体の選抜に役だつ遺伝的マーカーを開発したり、野生グラスカッターの食べる植物を調べて飼料を改善したりしている。地道な取り組みが実を結び、具体的な成果があがりつつある。

ヒトをふくむ動物や植物など、あらゆる生きものたちのあいだには複雑な関係（生態系）が存在する。このバランスが崩れれば、自然災害を生みかねない。いっぽうで、いきいきと暮らす野生動物の姿は人びとに感動を与える。自然観察を観光に取り入れたエコツーリズムは、アフリカ諸国で産業として発展し、地域経済にも大きく貢献している。豊かな資源の恩恵を受けつづけるためにも、野生動物の保全は急務なのだ。

（Christopher ADENYO）

動物を守る

森でつながるヒトとチンパンジー

チンパンジーはアフリカの熱帯林に生息し、その森に実るさまざまな果実を食べる。果実は季節ごとに異なり、チンパンジーたちはそのなかから好みの果実を選ぶ。多くの場合は種までを丸呑みにして、彼らが訪れる森のどこかで糞として排泄される。チンパンジーの糞は、果実の種子にとって最適な苗床となり、やがて芽吹き、そのいくつかは森を特徴づける巨木に育つ。

森が支えるボッソウ村の暮らし

チンパンジーは樹上の果実を食べる動物のなかでもっとも大きな動物であり、種子散布者として、森を形づくるうえで大きな役わりを果たしている。このようにして、やがて「自分好みの森」ができあがる。

西アフリカのギニア共和国の東南部に位置するボッソウ村では、チンパンジーを殺して食べることをタブーとしてきた。そのため、ボッソウの村人はいまもチンパンジーと共存して暮らしている。しかし、村人は、もはや森では暮らしていない。森の外に集落をつくり、家を建て、畑を耕して生計を立てる。週にいちどの市場で多くの生活必需品を買い求める生活だ。

そんな彼らだが、森の知識はいまでも豊富だ。病気になれば伝統的な薬を求めて森に入る。家を建てるときの木材、荷物をしばる紐、食材や調味料など、なんでも森で手に入れる。日常生活の中で森に依存する程度が変わったとはいっても、いまなお森の恵みを頼りにしている。

チンパンジーが減ると森が変わる

村人が入る森は、ボッソウの森に生息するチンパンジーがつくったものだ。2017年から、森ではチンパンジーが好む果実が大量に実るのが観察されるようになった。以前は果実がなるとチンパンジーが集まって食べつくしていたものを、チンパンジーの数が減ってしまい、食べきれなくなって残っているようだ。ボッソウのチンパンジーと森との関係に、これまでにない変化が生じている。

ボッソウのチンパンジーは1976年から個

「知人が病気だから」といって森で薬草を手に入れる

イチジクの果実を食べるチンパンジーの女性Yo（推定58歳）

体数の調査がされており、ながらく20人前後で推移してきた。ところが、2003年に村人由来と疑われる風邪のような呼吸器系疾患がチンパンジーに流行して5人が死んだ。その後も数が減りつづけ、2018年1月には、ボッソウのチンパンジーは7人となった。

このままチンパンジーの数が減りつづけると、やがて森の姿が変わるだろう。村人が利用してきた伝統薬や食材が手に入りづらくなるなど、ボッソウの村人の文化や習慣にも悪影響をもたらすかもしれない。

チンパンジーの棲む森を守ることは、長いあいだ人類が紡いできた生活習慣や文化を継承することと深く関係している。森を介して、チンパンジーとヒトはつながっているのだ。

（森村成樹）

研究手法 04

種の判定

DNAを手がかりに密輸の実態を探る

空港などで動物の密輸が摘発されたというニュースは、ざんねんながら、それほどめずらしくはない。生きた動物のほかにも、鳥の羽や毛皮などの生体の一部が押収される場合もある。法律を正しく適用するためにも、まずはどんな動物が密輸されたのか、限られた手がかりから動物種を同定する作業が必要になる。

羽根とともに舞い込んだミッション

2010年のある日、京都大学野生動物研究センターに、警察から鳥の羽が持ちこまれた。通関手続きで発見され、「種不明」として取扱いが保留されたものだという。この羽がどの鳥から採取されたものかをあきらかにしてほしいというのが警察の要望だ。

羽の大きさから尾羽であると推測でき、赤褐色の色調からは、アカコンゴウインコ(*Ara macao*)もしくはベニコンゴウインコ(*Ara chloropterus*)から採取された羽であることが疑われた。

この鳥種の同定には、二点の大きな問題がある。まず、アカコンゴウインコはワシントン条約の付属書Iに記載があるが、ベニコンゴウインコは付属書IIに記載されている。付属書Iに記載の生物は、国際間の取引はきびしく制限されており、違法取引の罰則も重くなる。鳥種を同定することは、その後の法的な対応を決めるにも不可欠なのだ。

さらに問題を複雑にするのは、鳥種間の雑種の問題だ。アカコンゴウインコとベニコンゴウインコは近縁の種なので、容易に交雑種をつくる(交雑種はルビーとよばれる)。そのため、この羽が雑種のものである可能性も検証する必要があったのだ。

厳密な解析で雑種も特定できる

まず、持ち込まれたすべての羽からDNAを抽出した。DNAの塩基配列には遺伝情報が書きこまれている。異なる進化の歴史をもつ生物間では、進化の枝分かれをしてからの期間に応じて、DNAに違いが生じるので、近縁種のDNA塩基配列を比較すれば、種を同定できる場合があるのだ。

通常なら、種の判別はミトコンドリアDNAの塩基配列をくらべるだけでよいが、雑種の可能性を検証するには、核DNAも調べる必要があった。コンゴウインコを区別できる核DNAの領域をPCR法で解析すれば、増幅されるDNA断片の長さの違いから、コンゴウインコの種が判別できる。

このような手法で解析した結果、今回の羽はすべてアカコンゴウインコから採取されもので、雑種の可能性は低いことがわかった。これらの結果を警察に報告したのち、検証の経緯を科学論文として発表した。密輸などの違法取引が少なくなるように、これからも陰ながら貢献していきたい。

(阿部秀明)

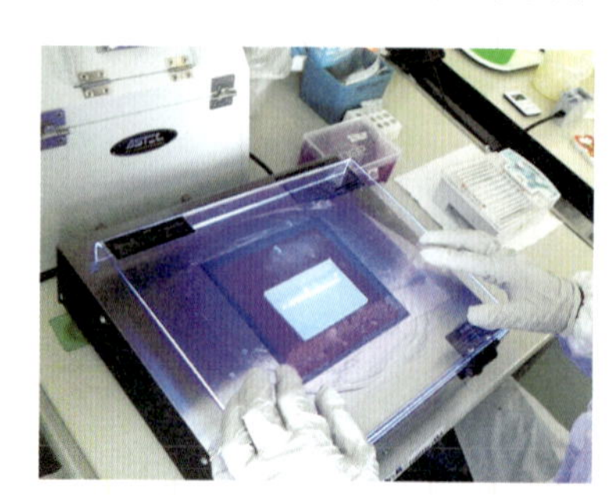

PCR法の調査のようす

コンゴウインコ属の代表的な種であるアカコンゴウインコ(左)とベニコンゴウインコ(右)
(写真提供・伊豆シャボテン動物公園)

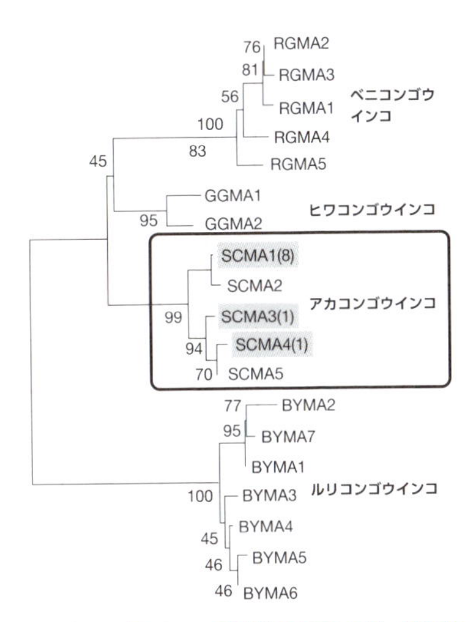

大型コンゴウインコの系統関係を示した図。検査結果から、今回の検体(SCMA1, 3, 4)は、枠で囲んだアカコンゴウインコのグループに属することがわかった

用語解説

コンゴウインコ
中南米原産の大型インコで、大型種では体長が1mを超える個体もいる。野生下では、生息環境の破壊と、ペット取引のための違法な捕獲により絶滅に瀕している種も多い。

ワシントン条約
ワシントン条約は通称で、正式には「絶滅の恐れのある野生動植物の種の国際取引に関する条約」といい、絶滅の恐れのある動植物を保護することを目的としている。

ミトコンドリアDNA
細胞内にあるミトコンドリアとよばれる小器官に存在する環状DNA。母方の遺伝情報が子に伝えられる。

核DNA
細胞の核と呼ばれる器官に存在するDNAで、ミトコンドリアDNAとは異なり父方と母方から1セットの遺伝情報を受け取るため、雑種の1代めであれば、両親の種を同定できる

PCR法
ポリメラーゼ連鎖反応の略であり、DNA塩基配列の一部を選択的に増幅することによって、突然変異などによって引き起こされる塩基配列の違いを検出できる。

研究手法 05

保全遺伝

野生動物の密猟を防ぐ

近年、生物に由来する材料の消費はますます増大し、国際取引もさかんである。経済発展とはうらはらに、地球上の生物にとっては大きな危機でもある。商業取引を目的とした乱獲により、絶滅の危機に瀕している動植物は数知れない。取引を制限する国内法や国際協定が制定されているが、保護の対象になる種は高額で取引されるので、違法取引はあとをたたず、取引総額は年間数百兆円にものぼる。こうした事態にブレーキをかけるには、犯罪行為の実態を調査し、摘発しなければならない。

違法取引の出どころをつきとめる

野生生物の違法取引のみならず、

ミナミシロサイ
©Guy Shorrock

あらゆる種類の犯罪調査に「法医鑑定」がもちいられる。法医鑑定は、遺伝解析や化学分析によって、生物の種類やその出所をつきとめることができる。違法行為があったのかどうか、それは、だれによって、どのようにして起こったのかもあきらかにできる。

野生生物の違法取引が疑われる場合にはまず、どの動物や植物の、どの部分がどのようにつかわれているのかを特定する必要がある。たとえば、売買禁止されている樹木が木製の家具の材につかわれていることを指摘するには、樹木の種類を特定しなければならない。象牙ならば、アフリカゾウかアジアゾウか、どの国のものかを特定する必要がある。

さらには、ヒトのDNA鑑定のように、個体の特定まで求められることもある。たとえば、サイの角がどこで密猟され

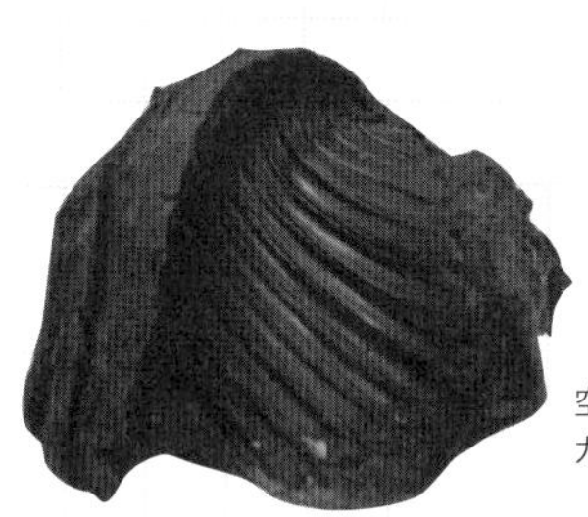
空港で押収された、ダイカーの骨付き肉の燻製

用語解説

生物由来の材料
たとえば、トラやサイ、ゾウなどの大型哺乳類の体の一部が、医薬品、食品、装飾品などに使われる目的で密輸されている。木材や魚類も違法に採取されて販売され、生息地の破壊と自然資源の枯渇を引き起こしている。

法医学
犯罪捜査や裁判などの法の適用過程で必要とされる医学的事項を研究または応用する学問。

野生動物法医学に関するデータベース
種や地域集団を識別するには、あらかじめ種や地域の判明した試料の特徴を記録した大規模な参照データベースが必要になる。

押収された象牙

た個体に由来するのかも、特定できるのだ。こうした鑑定は「野生生物法医学」とよばれている。

野生生物法医学が担う役割

法医鑑定にはさまざまな科学技術がつかわれる。製品の外観からは種の識別ができない場合は、遺伝子解析や化学分析をもちいる。大規模なデータベースの整備もすすみ、魚類や木材、大型哺乳類などの種の出所がつきとめられるようになった。

こうした「野生生物法医学」は専門性が高く、世界にも研究者の数は少ない。野生生物の違法取引が深刻化するなか、とくに野生動物の数の多いアジアやアフリカ、南米などの地域で、鑑定技術の研修がさかんに実施されている。京都大学野生動物研究センターの研究は、こうした取り組みに深く関わっている。正確な鑑定手法の開発にくわえて、諸外国の研究者と協力し、犯罪調査と保全活動を支援することは重要なミッションのひとつだ。

(Rob OGDEN)

動物を守る

ニホンイヌワシは絶滅してしまうのか

止まり木で羽根を休めているニホンイヌワシ。止まり木は決まっており、休息には同じ木を利用する（撮影・前田 琢）

深山幽谷の地に生息するとされるニホンイヌワシは、日本人には古くからなじみの深い鳥だ。奈良時代に成立した『今昔物語集』では幼児をさらい、井伏鱒二の小説『大空の鷲』では猿を襲う。柳田國男の『遠野物語』で、女を拐す天狗のモデルはイヌワシだとする説もある。現代でも、プロ野球チームの東北楽天ゴールデンイーグルスのシンボルはイヌ

DNA抽出に利用した羽根。DNAは羽軸の先端などに付着しているため、切り出して抽出に利用する

ワシだ。

しかし、現在のニホンイヌワシの個体数は500羽ほどと推定される。絶滅危惧種に指定され、遠からず絶滅してしまうだろうと考えられている。

絶滅の危機を回避する方法

ニホンイヌワシの絶滅を防ぐ手だてはないのだろうか。「森林の一部を伐採し、餌を狩猟しやすい空間をつくる」、「繁殖成功率を毎年調査し、繁殖失敗の原因を探る」などの手法もあるが、私は羽根や卵の殻などからDNAを採取し、遺伝子を解析することで、絶滅回避への道すじを探っている。

遺伝子を解析すると多くのことがわかる。遺伝子がどれだけ多様かという「遺伝的多様性」の視点からは、各地のイヌワシの血縁関係や、動物園と野生のイヌワシのあいだでの遺伝子の違いがわかる。解析の結果、両者には遺伝的多様性の差はなく、動物園のイヌワシは野生のイヌワシがもつ遺伝子を維持していることを示している。野生のイヌワシが将来さらに減少したとき、動物園のイヌワシを野生にもどすことで、個体数を回復させる可能性があると示唆している。

遺伝子の解析から未来予測もできる

動物園のイヌワシはとても重要な存在なのだが、このまま動物園の中でのみ繁殖をつ

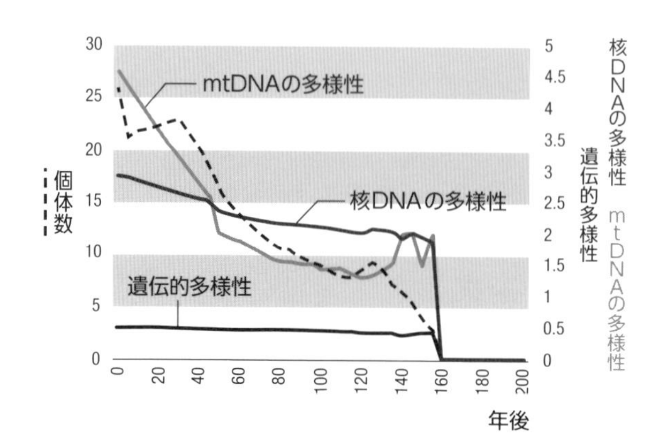

飼育下のイヌワシの今後200年間における変化の予測。個体数（点線）は約160年後には0羽となり、核DNAおよびmtDNAの多様性、遺伝的多様性も減少しつづける

づけると、血縁関係にある個体ばかりになる。繁殖相手がいなくなってしまと、飼育個体群は160年ほどで絶滅してしまうのである。現在は、動物園のイヌワシをこのさき200年以上絶滅させることなく、いつでも野生にもどせる状況を維持できるよう、各動物園の飼育担当者と検討しているところだ。

野生のイヌワシの個体数が1,000万年前からどう変化してきたのかを、遺伝子から知ることができる。この結果から、野生のイヌワシの個体数が将来どのように変化するのかも推測できる。絶滅させないためのより適切な手法や、それを実施する時期の検討に役だつ。

では、絶滅危惧種ニホンイヌワシはほんとうに絶滅してしまうのか。答えは「絶滅させない」である。私だけでなく、多くの人びとがそのために保護活動や研究をつづけている。私の遺伝解析から得られた情報をほかの研究者とも共有し、協力して保護をすすめてゆくことが、「イヌワシを絶滅させない」ために、なによりも重要なことだと考えている。

（佐藤 悠）

ニホンイヌワシ（秋田市大森山動物園）

ニホンイヌワシ　絶滅危惧レベル **Endangered** EN

学名 *Aquila chrysaetos japonica*
分類 タカ目タカ科イヌワシ属
生息地 朝鮮半島の一部および日本 *4
調査地 日本全域

ひとことメモ ▶ イヌワシは大型の猛禽類。世界には6亜種が分布しており、ニホンイヌワシはそのうちの1亜種である。朝鮮半島の一部と日本にのみ生息する。英名はGolden eagleとよばれる。

研究手法 06

生殖細胞

（未熟な卵子を保存して、希少動物の繁殖に役だてる）

多くの野生動物たちに絶滅の危機が迫っている。絶滅を回避するには、安心して生きられる生息地があることはもちろん、命が途絶えないように繁殖しつづけることがだいじだ。

ヒトをふくむ哺乳動物では、命の誕生のはじまりはメス側の卵子とオス側の精子が合体する受精からはじまる。そして、受精卵は赤ちゃんに成長する。卵子と精子を生きたまま取り出して保存し、人工授精をすれば、繁殖のスピードが絶滅のスピードに追いつかないような希少動物でも繁殖のチャンスが増え、絶滅の危機から救えるかもしれない。

成熟するまえの「未熟な卵子」に注目

多くの野生動物で、精子はすでに冷凍保存できるようになり、提供した動物が亡くなったあとでも人工授精で子どもをつくることができる。いっぽう、卵子の保存方法はまだ確立されていない。いちどにたくさん回収できる精子とは違い、受精できるほどに大きく成熟した卵子は、大人になってからほんのわずかな数だけ、しかも、多くの種では、かぎられた時期にしかつくられない。卵子の冷凍は精子よりもむずかしく、マウスやヒト以外では冷凍卵子をつかった繁殖はあまり成功していない。

そこで私が注目するのが、未熟な卵子（一次卵母細胞）だ。未熟な卵子は、その個体が生まれたときにはすでに、卵巣内に数万から数百万個ほど蓄えられているが、その多くは成長過程で死んでしまう。この未熟な卵子を卵巣から取り出し冷凍保存しておき、必要なときに体外で成長させることができれば、一頭のメスからたくさんの成熟卵子をつくりだして繁殖につかえる。

さらに、野生動物は子どものうちに亡くなることも多いが、この方法で未熟な卵子を活用できれば、赤ちゃんのうちに亡くなった動物でも、子どもを残せる可能性がある。

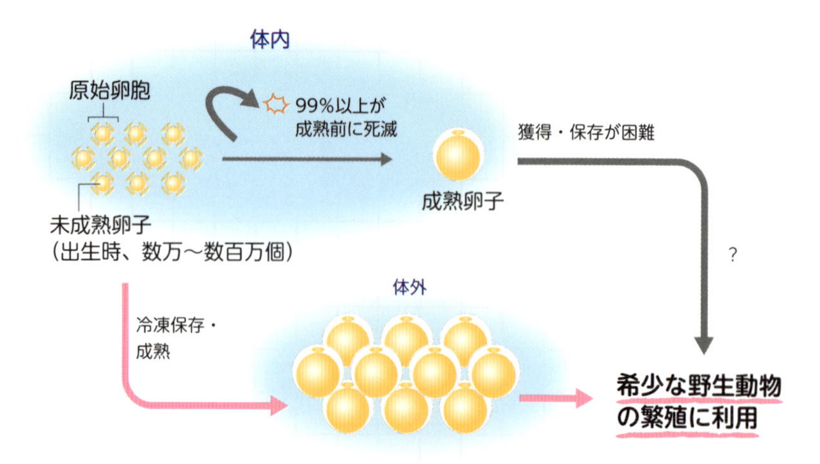

未熟な卵子を冷凍保存し、成熟させることで、いつでも多数の成熟卵子を繁殖に利用できるようになる

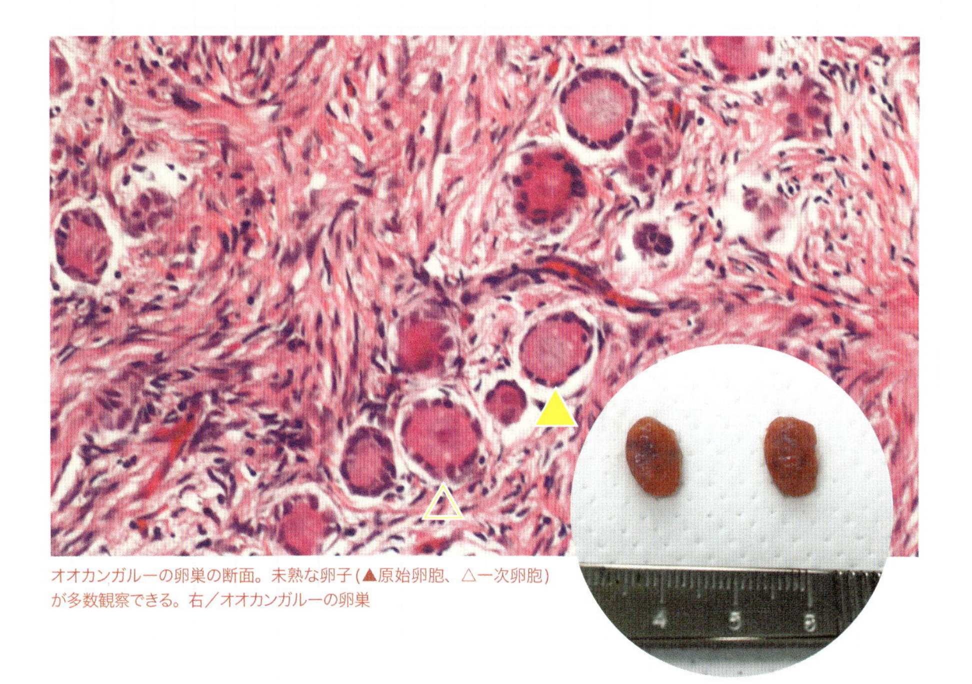

オオカンガルーの卵巣の断面。未熟な卵子（▲原始卵胞、△一次卵胞）が多数観察できる。右／オオカンガルーの卵巣

「待ったなし」の危機をくいとめる

貴重な野生動物の卵巣を日常的に実験につかうことはできない。私の研究では、避妊手術のさいに回収されたイヌとネコの卵巣を動物病院から提供してもらい、野生動物のモデルとして、保存や成長の条件を検証している。イヌの未熟卵子の保存条件が、希少な野生イヌ科動物のタテガミオオカミに応用できることを確認済みだ。ほかにも、ネコの未熟卵子を試験管内で成長させられることや、イヌの未熟卵子は冷凍保存後も成長できることを確認している。

技術の実用化には課題がたくさんのこるが、野生動物の絶滅の危機は「待ったなし」ですすんでいる。すでにライオン、オオカンガルー（写真）など、動物園・水族館で亡くなった野生動物をはじめ、日本固有の希少種であるツシマヤマネコについては野生下（生息地）で亡くなった動物についても卵巣を受け入れ、未熟な卵子の冷凍保存を行なっている。

新しい技術で繁殖を手助けして、野生動物たちを絶滅の危機から救いたい。その目標が、今日も私をこの研究へ突き動かすのだ。

（藤原摩耶子）

用語解説

精子
オスの配偶子。いちどに数千万から数万個が射精される。

卵子（卵）
メスの配偶子。99％以上が発育の過程で死滅し、成熟するのはごく少数。

受精
精子が卵子に入り込み、両方の核が合体して細胞分裂が起こること。こうして新たな生命が生まれる。

卵胞
未熟な卵子である一次卵母細胞と、それを取り囲む顆粒層細胞からなる。顆粒層細胞の形や数の変化によって、原始卵胞、一次卵胞、二次卵胞、胞状卵胞へと発育する。

研究手法 07

iPS細胞

（iPS細胞は野生動物の保全にも役だつぞ！）

野生動物はふしぎだ。深い森や広大な砂漠、高山から深海まで、どこにでも動物は暮らしている。私たちには過酷に思える環境でも、ひょうひょうと暮らせるのはなぜだろう。

生きものは、その環境に適した体に進化することで、新しい生息域を手に入れてきた。たとえば、イルカやクジラはその好例だ。彼らの祖先は陸上で暮らしていたが、いまではどちらも海で（たぶん）楽しく暮らしている。ヒトとは体の形などが違うのは一目瞭然だが、それを可能にするのはどんなメカニズムだろう。私はそこに好奇心をかきたてられる。

野生動物での実験はむずかしい。ならば……

生きものの体は遺伝子という設計図でつくられている。この設計図が少しずつ変わって、新しい能力を獲得したり、ときには新しい動物になってゆくのが進化だ。科学技術の発展で設計図を解読できるようにはなったが、その働きまで調べることはむずかしい。

とくに野生動物はなおさらだ。設計図の働きを調べるには実験が必要で、ときには動物の命を犠牲にすることもあるからだ。「終わったら返すから、ちょっと脳みそ貸してよ」なんて言えない。

魔法のような細胞の登場

iPS細胞という名前を聞いたことがあるだろう。体のどの種類の細胞にも分化できる、魔法のような細胞だ。どの細胞もiPS細胞に変化させられることも大きな特徴で、入手しやすい細胞からiPS細胞をつくり、求める細胞に変化させられる。すこし乱暴な言い方だが、皮膚のかけらから、心臓や脳の細胞をつくることができるわけだ。これさえあればこっちのもの。動物を傷つけることなく、体のどんな部位も調べることができるのだ。

細胞は動物ごとに異なるので、人間のiPS細胞は人間から、イルカのiPS細胞はイルカからつくる。絶滅危惧種のキタシロサイなどからもiPS細胞はつくられている。保全資源としてのiPS細胞の価値は高く、保全分野での活用が期待されている。

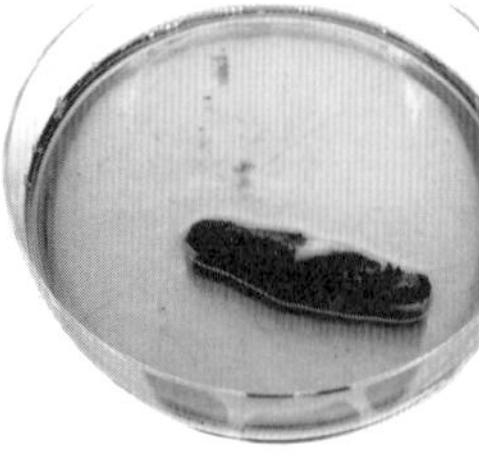

イルカの尾びれ

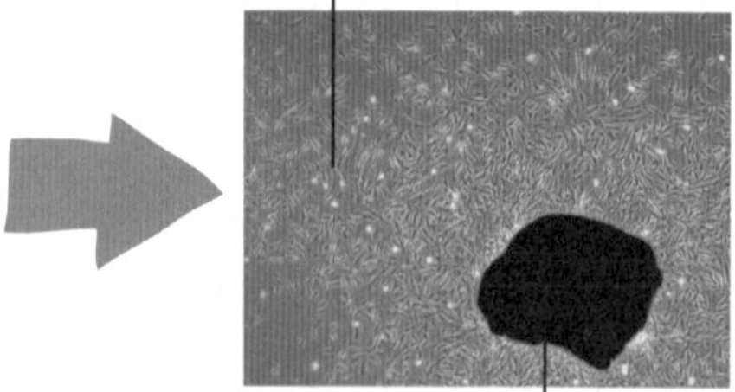

繊維芽細胞の増殖

皮膚片

皮膚片からiPS細胞をつくる過程。動物が傷を負ったときなどに得られた皮膚片を採取する→採取した皮膚片をさらに細かく切り分け、培養して細胞を増殖させる→増殖した細胞に遺伝子を導入し、iPS細胞へと初期化する

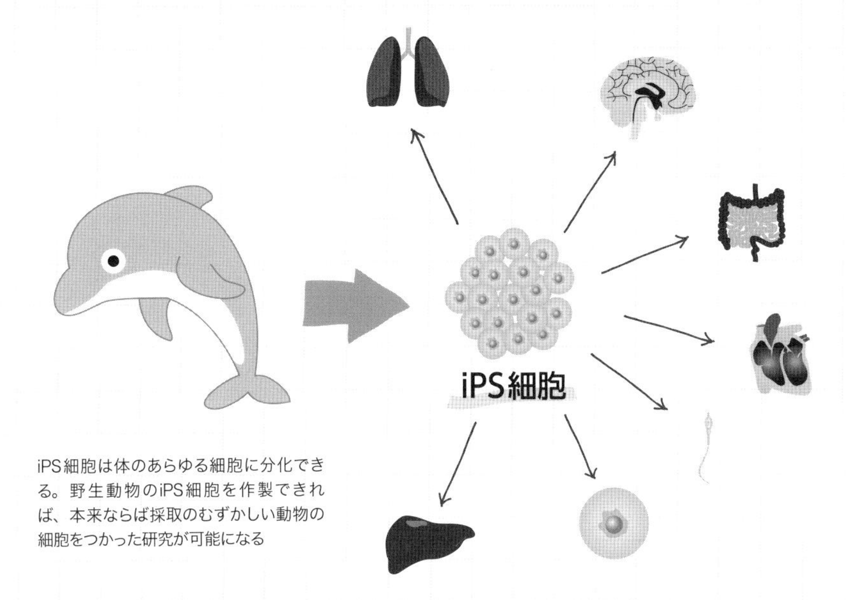

iPS細胞は体のあらゆる細胞に分化できる。野生動物のiPS細胞を作製できれば、本来ならば採取のむずかしい動物の細胞をつかった研究が可能になる

イルカの皮膚から肝臓細胞をつくる

　では、イルカのiPS細胞があればなにができるのだろう。イルカの体脂肪率は高く、エネルギー源としてだけではなく、体温の保持やエコーロケーションに役だっている。つまり、脂肪を味方につけているのだ。イルカの遺伝子を調べてみると、どうやら進化の過程で脂肪の代謝が変化したらしいのだが、それを確かめる術がない。

　そこでiPS細胞の出番だ。イルカのiPS細胞から肝臓の細胞をつくれば（脂質代謝の主役は肝臓）、彼らがどのように脂肪を味方につけているのかを実験室で再現できるのである。

　動物や植物、菌類など、地球には多様な生きものがいる。これを生物多様性という。生きものの進化の道筋を理解することは、この多様性がどのように育まれ、どう維持されているのかを知ることでもある。さらには、私たちがこの多様性をどのように守ってゆけばよいのかを知ることにつながる。人間と自然がなかよく暮らせる、明るく楽しい地球環境への一歩がはじまるのだ。

（遠藤良典）

用語解説

脂肪の代謝
食物から摂取した脂肪を分解し、自分が使うかたちにつくり変えたり、エネルギーとして消費すること。

肝臓細胞
肝臓の細胞。吸収された脂肪は肝臓で代謝される。

細胞実験のようす。雑菌の混入を避けるため、細胞実験はクリーンベンチの中で行なう。それぞれの細胞は別のディッシュで培養し、実験の目的や細胞の種類によって培地を使い分ける

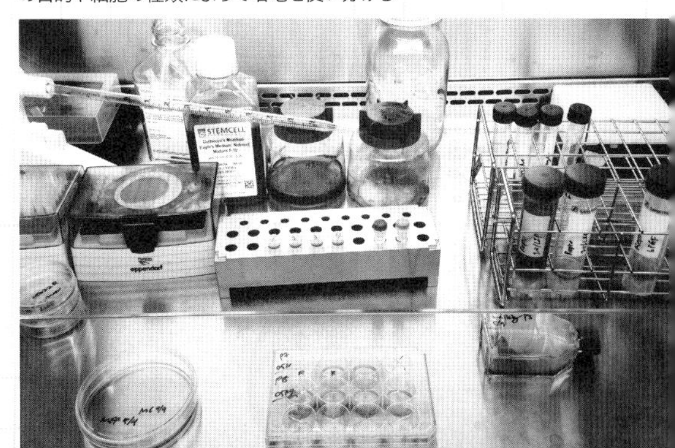

人と自然

やんばるの森と人

左は、体のもようが美しいオキナワイシカワガエル（やんばるの固有種）。冬の夜、森の奥から「ヒュウッ！」という甲高い鳴き声が響く。右のクロイワトカゲモドキ（沖縄島、古宇利島、瀬底島に分布）も夜行性。やんばるの森は、夜、生きものたちでにぎやかになる

「奥の人は薪をやった。薪と木炭。木炭焼かない人は薪」。「石油もないし、ガスもないから、どこも薪。那覇もぜんぶ、沖縄全島、薪でご飯炊きよったから。だから、薪がすごく売れよったわけさ」。沖縄島のもっとも北にある国頭村の「奥」という集落で聞いた、おじい（当時86歳）とおばあ（当時82歳）の若いころ（戦後〜1960年ころ）の話だ。

沖縄の復興を支えた森の恵み

沖縄のイメージといえば、白い砂浜に青い海、サトウキビ畑かもしれない。でも、この話の舞台は森だ。沖縄島の北部地域は「やんばる」とよばれ、常緑の照葉樹林とシダ植物が生い茂る亜熱帯の森が拡がっている。

森が豊かなやんばるは、琉球王府時代から、沖縄における重要な森林資源の産地であった。沖縄の民謡「国頭サバクイ」では、首里城を造るための木材を山から伐り出して運ぶようすが歌われている。戦前ころからは、やんばるの人びとは、森から伐り出した木材や薪、木炭を現金収入の手段とし、戦争によって焼け野原となった中南部の復興を支えた。

知恵という財産をどうのこすのか

いっぽうで、やんばるの森には、ヤンバルクイナやオキナワイシカワガエル、ヤンバルテナガコガネといった、地球上ではこの森にしかいない、めずらしい生きものが多く生息する。生物多様性のホットスポットだ。

そんな森を歩けば、イノシシよけの石垣や、炭を焼いた木炭窯の跡など、暮らしの痕跡

下／ヤンバルクイナは日本の野鳥の中で、唯一の飛べない鳥。暗くなると、足で木の幹をかけのぼり、木の上で休む
右／国頭村安田のシヌグ。男の人たちが森の植物を身にまとい、かけ声をあげながら山から下りてくる。豊作や子孫繁栄を祈り、厄をはらう

国頭村奥区に残るシシ垣（沖縄ではいのがき）。イノシシからだいじな作物を守るため、集落と畑をぐるりと囲むようにシシ垣がつくられている

があちこちに見つかる。集落の家には、森から伐り出した広葉樹が何種類もつかわれていた。やんばるの祭祀「シヌグ」では、男性が山にある草木を身にまとう。

関東出身の私は、自然と一体となった島の暮らしにとても惹きつけられた。木炭はいつころに焼いていたのか、限られた島の資源をどうつかっていたのかなどに関心をもち、集落に遺された資料やお年寄りへの聞き取りをもとに調査した。

その結果、奥の集落では、1人あたりの伐採量、山に入る日、伐採する区域の設定など、資源の枯渇を防ぐためのルールがあり、1951年ころまで運用されていたことがわかった。集落の会議録には、木炭生産のためにつかった地名や面積が記載されており、さかんに生産されたのは1951年ころから約10年間で、木炭の生産がルールの運用を変えるきっかけになったこともわかった。

経験をもとに集落の森のつかい方を話してくれたのは、終戦ほどない1950年ころにはすでに働く世代だった80歳以上の方がただ。その時代の島の人びとは、どんな植物がなににつかえて、どう処理すればよいのか、身近な自然から必要なものを得る方法を知っていた。

経験に裏づけされた豊富な知恵と知識をもつ方がたは徐々に少なくなっている。「1人亡くすと、辞書を1冊失ったようなもの」。沖縄の先輩がそう言っていた。自然とともに生きる知恵を後世にどのようにのこすのか、私たちにつきつけられているように思う。

（滝澤玲子）

人と自然

動物の名前と地元の知識

写真の動物はアフリカのタンザニアという国で撮影したものである。なんという動物かわかるだろうか?

「サル」と答えた人、まあ正解。「アカオザル」と答えられた人は相当の動物マニア。でも、英語で話すときには「アカオザル」と言っても通じない。英語では「レッド・テイルド・モンキー(red-tailed monkey)」。「赤い尾をしたサル」という意味は日本語名と同じである。だが、言語によって呼び名が違うと、はたして同じ動物を示しているのか怪(あや)しくなることもある。

学名は便利だが……

そこで、世界共通でつかわれるのが学名である。たとえば、アカオザルの学名は「セルコピテクス・アスカニウス(*Cercopithecus ascanius*)」という。学名は便利だが、万能ではない。たとえば、タンザニアに調査にきた外国の研究者が、地元の人に「セルコピテクス・アスカニウスってどこで見られますか?」と聞いたらどうなるだろう? 「は? そんなん聞いたこともないわ」と言われるのがオチである。野生動物が多く残っている地域は、えてして辺鄙(へんぴ)な田舎で、高等教育を受けていない人もまだまだ多いものである。そんなところで、世界共通だからといって、学名をひけらかしても通じるわけがない。

では、タンザニアではこのサルはなんとよばれているのだろうか? じつは、タンザニアの共通語であるスワヒリ語には、この動物を指す正式な名前はない。しいていうなら、「キマ・ムキア・ムゥエクンドゥ(kima-mkia-mwekundu)」。舌を噛みそうだ。これは、英語名からの直訳だからである。「キマ」が「サル」、「ムキア」が「尾」、「ムゥエクンドゥ」が「赤い」という意味。

その地に根ざした名前

私の調査地で現地の人に聞くと、「カソリ

アカオザル 絶滅危惧レベル Least Concern LC

学名 *Cercopithecus ascanius*
分類 霊長目(サル目)オナガザル科セルコピテクス属
生息地 アンゴラ、ブルンジ、中央アフリカ、コンゴ民主共和国、ケニア、ルワンダ、南スーダン、タンザニア、ウガンダ、ザンビア
調査地 タンザニア

地元の小学生を対象にしてつくった図鑑。説明は学校教育でもちいられるスワヒリ語で書いてあるが、動物名の見出しにはトングウェ語を大きく示している

さて、この動物の名前はなんというだろうか？

マ(kasolima)」という名前が返ってくる。これはスワヒリ語ではなく、この地域の人たちがつかうトングウェ語(タンザニアに多くある民族語の一つ)の名前だ。日本語・英語・スワヒリ語の名前がいずれも「赤い－尾の－サル」というかたちで分解できるのに対して、「カソリマ」というトングウェ名は、それ以上には分解できない。このように、動物と身近な人びとが伝統的にもちいる名前は短く、よびやすいことが多い。

動物の研究や保全をするには、その動物が生息する地域の人たちの協力や理解が欠かせない。そのさいに、地元の人たちがつかっている名前を知り、その動物がどこにいるのか、どんな習性をもっているのかなど、彼らのもつ豊富な知識を教えてもらうという姿勢もたいせつだろう。

(中村美知夫)

動物と人 10

人と自然

映像制作を通してヒトを考える

ヒトとはどんな生きもので、どう進化してきたのかを探る自然人類学が私の専門だ。でもふだんは、テレビの動物番組や博物館の展示映像をつくる仕事をしている。その仕事も、ヒトとはなにかを教えてくれる。

撮影しながら考えるヒト

たとえば、チンパンジーの暮らしを紹介する番組をつくる。およそ700万年前に同じ祖先から分かれて進化した、現在の地球でヒトにもっとも近い生きものだ。チンパンジーと比べると、ヒトの意外な特徴がわかることがある。

アブラヤシの硬い種子を石の上に乗せ、別の石で叩き割って中身を食べるチンパンジーの群れを撮影することにした。二つの石を組み合わせて使う、チンパンジー界最高難度の道具と言われる。複雑な道具を使うのはヒトの大きな特徴だが、チンパンジーとはどこが違うのだろう。長年観察してきた研究者といっしょに、アフリカの森を訪ねた。

学び、教えるのがヒト

2歳のコドモが、親が割る前の種子を取って別の石に載せ、手で叩く。ふざけているように見えるが、テレビカメラの望遠レンズがとらえた表情は真剣そのもの。自分で種子を割ってみたいが、まだやり方がわからないのだ。

5歳の子はちゃんと石で叩く。でも、種子にうまく当たらない。映像をよく見ると、息を切らしながら叩きつづけていた。食べたければ親からもらえるのに、どうしても自分で割りたいのだ。

ヒトにも、2歳ぐらいからなんでも「自分で！」と言い張る時期がある。親はたいへんだが、生活の基本を身につける大切な時期だ。「自分でできるようになりたい」心を、ヒトもチンパンジーももっている。そして、研究者はその先に違いを見つけていた。

チンパンジーの親は「こうすればいいよ」と教えないという。確かに、コドモに教えるようすはいちども写っていない。コドモはオトナを見て、ひたすら自分で試して「学ぶ」。確実に身につくが、時間がかかる。いっぽう、進化のある時点で「教える」がくわわり、知識や技術が効率よく伝わるようになったのがヒトだ。ヒトがどんどん複雑な道具を作るようになった背景のひとつが、チンパンジーを見てよくわかった。

映像を未来にいかすのもヒト

進化を研究するのは、未来を考えるためだ。撮影に訪れる先ざきで、解ける氷河、ごみだらけの海岸などを目にする。ほかの生きものが絶滅してゆく地球で、ヒトだけが生き残れるはずはない。きちんとした研究をふまえてつくられた映像は、説得力をもつ。科学の成果を映像でわかりやすく表現し、多くの人が自然への理解を深める手助けをしたい。

映像には、記録に残すという面もある。チンパンジーがいつ、どんなきっかけで石の道具を使うようになったのか、いまのところわかっていない。でも、その技が変化していくのかをこれから確かめることはできる。今ある自然も、それを記録した映像も、私たちが子孫に伝えるべきものだ。

（中村美穂）

ヒト

学名 *Homo sapiens*
分類 霊長目（サル目）ヒト科ヒト属
生息地 ほぼ世界中の陸地。少数は宇宙空間
調査地 地球のいたるところ

かぜをひいて鼻がつまったチンパンジーが、細い棒を自分の鼻に差し込んでくしゃみをおこし、ああスッキリ。こんな行動が見てわかるのも、映像の便利さ

https://langint.pri.kyoto-u.ac.jp/ai/index-j.html　京都大学霊長類研究所「チンパンジー・アイ」の動画集
http://www.j-monkey.jp/　日本モンキーセンター　YouTube公式チャンネル

人と自然

屋久島の自然に学ぶ1週間

シカを観察する

1999年から10年にわたって続いた「屋久島フィールドワーク講座」は、上屋久町(現・屋久島町)と京都大学が中心となって実施した野外実習プロジェクト。日本各地に公募した大学生20名、地元屋久島の高校生数名、屋久島をフィールドとする研究者10名、役場職員1名が、夏休みの1週間、寝食をともにしながら野外調査をする。

現地までの交通費は自己負担。それでも集まった学生たちは、みな意欲にあふれ、活気に満ちている。2003年から講師として深く関わりつづけている私も、この講座で多くの気づきを得ている。

失敗は「学び」のチャンス

参加者たちは、人と自然、シカ、植物、昆虫、サルなど、テーマごとの班に分かれて活動する。たとえばシカ班は、一定の範囲内に落ちているシカの糞をひたすら数えたり、島内を歩いてシカを探したりして、その生息密度を調べる。「人と自然」班は、40年前に廃村になった標高800mの石塚集落で、野営しながら当時の遺物を詳細に調べたりもする。

一般に大学での実習は、確実に結果のでることをさせる場合が多いが、この屋久島の実習では、まだ結果の出ていない新しいテーマに挑戦する。ゆえに、予想と異なる結果に至ることも多かったが、こういうときこそ「学び」のチャンスである。講師といっしょになって、真剣にあれこれと考えるのは、学生にとって得がたい経験だ。

こうした継続的な取り組みのもとに「屋久

島流」の野外教育プログラムが確立したことは、この講座の成果の一つといえる。現在は、京都大学の霊長類学・ワイルドライフサイエンス・リーディング大学院の履修科目の一つ「屋久島実習」*1 に引き継がれ、海外の大学院生10人を含め、年間30人以上の学生たちが島を訪れる。

野外博物館構想

発端は、屋久島の世界自然遺産登録(1993年)だった。それまでは、日本各地と同様に、天然のヤクスギや広葉樹林の伐採や、森を拓いて大きな道路を通す公共工事などは島の主要な産業であり、島の多くの人もそれを疑問に感じることはなかった。しかし、登録を期に大きく方向転換し、自然を破壊することなく、その恵みを享受する暮らしが求められるようになった。

その一環として、町は「屋久島野外博物館構想」を打ち出した。屋久島の自然そのものを博物館ととらえ、自然のなかに身を置くことで学ぼうというものだ。屋久島の自然のなかに飛び込み、その自然や自然と人との関わりを学んでゆく。フィールドワーク講座は、その中心的な取り組みの一つだった。講座の期間中には、かならず公開講演会を開催し、屋久島での研究活動や、ときには講座の調査結果も発表した。

この活動は「屋久島学ソサエティ」*2 という地域学会の設立につながった。2013年以降は毎年秋に大会を開き、学会誌も発行している。屋久島の自然の価値を発信する土台ができたのだ。島外から来た研究者がその成果を発表するのはもちろんだが、最近では、島にすむ人びとが自分たちで調べたことや、島の歴史や文化について発信する場にもなっている。

屋久島野外博物館はまだ道なかばである。私たちが調べたことが、屋久島野外博物館の知的財産となり、島民はもとより、島を訪れる人たちにも関心をもってもらえるよう、これからも地道な活動を続けるつもりだ。

(杉浦秀樹)

渓流沿いで植物を調査する

*1　屋久島実習
後継の実習の通称。フィールドワーク講座を継承しつつ、内容を徐々に高度化している。最近は英語で行なう国際実習になっている。

*2　屋久島学ソサエティ
屋久島の住民や団体と研究者がともに運営・参加する学会。アカデミックな話題だけでなく、地域の問題解決をめざした集会も開いている。

サバンナシマウマ(タンザニア・セレンゲティ国立公園、撮影・伊谷原一)

4章 動物研究へのいざない

ドルフィン・
スイム・ガイド

自然保護
NGO スタッフ

動物園の
飼育担当

動物の
調査会社

動物研究への いざない

獣医

この本を手に取る人のなかには、「動物や自然に関わる職業につきたい」と思っている人もいるだろう。人びとの生活スタイルはめまぐるしく変わり、動物に関わる職業もどんどん変化している。獣（けもの）の肉や毛皮を必要とする人が少なくなったいま、専業で獣をとる猟師は日本にはもうほとんどいない。いっぽうで、ペットやその世話を必要とする人は増えている。このコーナーで紹介する動物の調査会社やガイドといった仕事は、30年前にはまだ確立されていなかった仕事だ。10年、20年後には、また新たな仕事が現れているかもしれない。
京都大学野生動物研究センターに縁のある方がたに、仕事への思いを語ってもらった。いずれの仕事でも野生動物に関わる知識や経験は必須。まだ明らかになっていないことも多く、試行錯誤をしながら仕事をすすめることも必要だ。もっとも、動物や自然が好きなら心配ない。くふうを凝らして、動物を知ってゆくことは、このうえなく楽しいことだからだ。

映像制作

研究者

科学コミュニケーター

キュレーター

環境省レンジャー

獣医

鵜殿俊史さん
京都大学野生動物研究センター 熊本サンクチュアリ

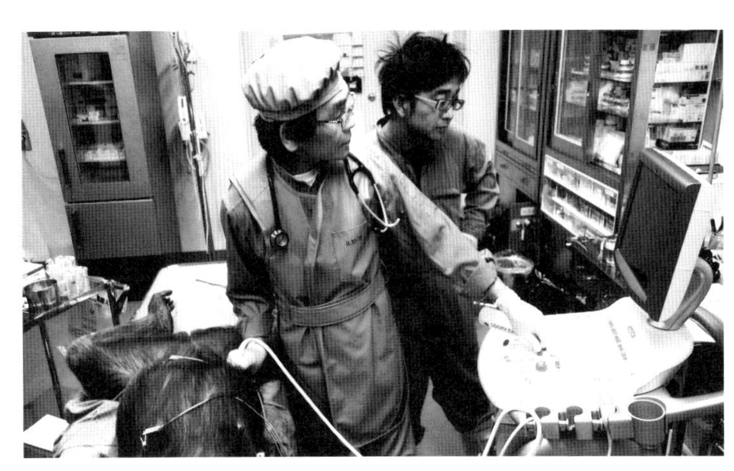

チンパンジーの定期健康診断で、麻酔をかけたチンパンジーの肝臓の超音波断層像を見ているところ。X線プロテクターを着て超音波断層装置を操作しているのが私(左)

熊本サンクチュアリには、57人のチンパンジーと6人のボノボが生活しています。彼らが元気に長生きできるよう、病気やケガの治療をするのが日々のおもな仕事です。

チンパンジーやボノボも人間と同じように病気になります。ケンカをしてケガすることもあります。ひどい病気や大きなケガでぐったりしていた彼らが元気をとりもどした姿を見ると、ホッとすると同時に、獣医として達成感を覚えます。痛い注射をすると嫌われてしまい、唾をかけられたり、顔を見ただけで逃げられたりすることもありますが、一所懸命に看病をつづけると、私を信頼して、注射もがまんしてくれるようになります。元気になったあと、うれしそうにあいさつに来てくれると、私もうれしくなります。苦労も多い仕事ですが、こういうときは獣医になってよかったと思います。

動物のここが不思議！

言葉をつかわない動物どうしで、きちんと気持ちが伝わっているのがいつも不思議です。人間の気持ちも、動物にはばれてしまう。餌に薬を混ぜてやろうとしても、私の顔を見ただけで口もつけずに捨てられてしまうことがあります。イヌもチンパンジーも、この気持ちを読む能力がとても高く、人間では到底かなわないなと思わされます。

● 動物を研究したいキミたちへ ●

自宅でペットをかわいがったり、動物園に行くことが好きな「動物好き」の人でも、野生動物のことはよく知らないという人が多いでしょう。テレビ番組やメディアでは、動物のかわいさばかりを強調することが多く、ほんとうの動物の姿を伝えていません。生まれてから死ぬまでの、すべての姿を知ってほしいです。そこに、命の意味や生きものの不思議さがあると考えています。

ドルフィン・スイム・ガイド

田島夏子さん
東京都御蔵島 民宿鉄砲場

（撮影・井上愛子）

東京の離島、御蔵島は、野生のイルカといっしょに泳ぐことのできる数少ない場所です。海が穏やかなら、かなりの確率でイルカに出会えます。私はこの島に1年前に移り住み、お客さんとともに海に入り、野生のイルカといっしょに泳ぎながら、イルカの行動や生態などを説明しています。

だれでもいちどくらいは水族館でイルカを見たことがあるかと思いますが、御蔵島のイルカには調教された水族館のイルカとは違う魅力があります。ヒトの近くに来たり、目を合わせていっしょに泳いでくれるなど、ヒトに慣れているようにも見えますが、彼らはれっきとした野生動物です。

毎年のように新しいコドモが生まれ、育ってゆく姿、船も走れないような荒波の中を楽しそうに波乗りをする姿、俊敏な動きで魚を捕まえる姿、交尾の機会を狙って赤ちゃん連れのお母さんを追いまわすオスたち。このような行動を見ていると、野生で生きるイルカのたくましさを感じます。

御蔵島のスタッフはみな、お客さんに安全に楽しんでもらえるようにと願い、海とイルカにまつわるあらゆる知識と技術を磨いています。それぞれの得意分野を仕事に活かすこともあります。私は、得意のイラストで説明をしたり、学生時代の個体識別の調査で身につけた知識を生かして、スイム中に出会ったイルカがだれであるか、その見分け方などを解説しています。

御蔵島のまわりには、古くからイルカが生息していますが、ドルフィン・スイムがさかんになったのは20年ほど前からです。観光客がたくさん来ることで、イルカの迷惑になってはいけません。御蔵島では自主ルールを設けて、ドルフィン・スイムの船の数や出航回数などを制限しています。イルカとヒトとが共生できる島でありつづけられるよう、イルカたちの状況にも気を配りながら、野生イルカの魅力を伝えてゆきたいです。

シャチのここが魅力的！

イルカに興味をもったきっかけは、幼いころ、水族館で見たシャチのショーに感激したから。学生時代に北海道の羅臼沖で野生のシャチを観察したときには、その凛々しさと、堂々とした風格に圧倒されました。イルカの魅力とはまた違う、ヒトを魅了する力がある生きものです。

動物園の飼育担当

中島麻衣さん
上野動物園飼育展示課

多摩動物公園での飼料管理業務とチンパンジーの飼育担当をへて、現在は上野動物園でジャイアントパンダの飼育を担当しています。掃除や餌やりなど、パンダの日常管理がおもな仕事です。当園では、世界的にも数少ない自然交配可能なペア、「リーリー♂」と「シンシン♀」、そして2017年に2頭のあいだに誕生した「シャンシャン♀」が暮らしています。私は幸運にも、その出産と育児をサポートする機会に恵まれました。

上野動物園では5年ぶりの出産ということもあり、国内外のパンダ飼育施設からさまざまなアドバイスを受け、ぶじに仔の誕生を迎えることができました。出産前後の母親の行動や仔の成長、母仔の関係性の変化をまぢかで観察できる機会にワクワクしながら、その責任も強く感じている毎日です。

飼育担当者として、親仔3頭が健康に暮らせることはもちろん、彼らがジャイアントパンダ本来の暮らしを送れるように飼育環境を整えることが私たちの責務だと思っています。とくに、これからオトナになるシャンシャンには、母親シンシンのもとでのびのびと育ちながら多くのことを学んでもらい、将来的には次世代の繁殖の担い手として活躍してもらいたいと考えています。彼らのいきいきとした姿をたくさんの方に観ていただき、野生動物や自然環境について考えるきっかけにしていただきたいです。

生後3か月のシャンシャン
〈写真提供・(公財)東京動物園協会〉

この動物のここが特別！

チンパンジーは、私の人生に転機をもたらした「特別」な動物です。大学1年生のころ、霊長類研究所で彼らと出会い、もう10年以上がたちますが、いまだに彼らの魅力やおもしろさに取り憑かれています。この出会いがなければ動物と真剣に向き合うことはなかったかもしれないし、おそらく、いまの自分もいなかったでしょう。これからの動物園人生のなかで、チンパンジー以上に「特別」だと思える動物に出会えるよう、これからの仕事にも本気で取り組んでゆきたい。そんな原点を思い出させてくれる動物です。

● 動物を研究したいキミたちへ ●

実際の動物の生息地で研究し、動物本来の姿を見るという、京都大学野生動物研究センターでの貴重な経験は、いまの仕事にもおおいに役だっています。動物を健康に飼育するには日々の変化を見逃さない観察力が必要です。細かな視点で物事を見つめる大学院での研究や、一分一秒を見逃せないフィールドでの観察は、その基礎となる力を養うことができます。研究や仕事のなかで新しい発想を生み出したり、課題を解決しようとするときには、それまでに積み重ねた経験や視野の広さがきっと活きるはずです。どんどん挑戦してください！

動物の調査会社

金田 大さん
金田野生動物研究所

ポスドクで食えない時期に、「野生動物調査業」を起業しました。依頼が多いのは、環境アセスメントに関わる調査。環境アセスメントとは、道路やダム、飛行場などの自然環境を大きく変えるような開発が環境にどのような影響を及ぼすのかを調査、予測して、環境保全に配慮した開発計画を立案するものです。私は、その地の周辺に生息する動物、とくに希少な猛禽類の生息状況や生活史をあきらかにしています。

なぜ猛禽類かというと、ヒョウやオオカミなどの大型肉食獣がいない日本では、ワシやタカのような猛禽類が生態ピラミッドの頂点にいます。彼らがいることは、獲物となる動物をはじめ、食物連鎖でつながる、より下位の被食者となる生物群が生息する証です。頂点捕食者の生存は、生息地の生物多様性が豊かであることを示しています。捕食者の繁殖地や狩り場となる環境を保全することが、健全な生態系の確保につながるのです。

一年のほとんどを野外調査ですごします。季節を感じながら野生動物を観察するライフスタイルを実現できる業種は、ほかにはなかなかないかもしれません。ポスドク時代の資金難をしのぐために始めたこの仕事を本業にする決心をしたのは、この仕事なら、動物のいろいろな行動を実際に目撃するチャンスを最大化できること、そういう実体験の積み重ねが動物の行動を理解する最大の力になりうることを確信したからです。とはいっても、この仕事が成立するのは、環境を破壊する開発事業があるからだという自覚はあります。でも、清濁併せ呑む(せいだくあわせのむ)つもりで、自然保護と開発のあいだを取りもつ役割でいたいと思っています。

2017年に、オオタカが国内希少野生動植物種の指定から解除されました。オオタカの個体数の回復は喜ばしい報せですが、保護の法的根拠が弱まると、密猟が増えたり、生息地である里山の乱開発に歯止めが効かなくなる懸念があります。解除の影響をあきらかにしようと、オオタカの生息状況のモニタリングに協力しています。

動物のここがおもしろい!

捕食者たちの狩りは魅力的です。狙われた動物たちは食われまいと、逃げたり抵抗したり、ときには反撃しますから、いつも成功するとは限りません。被食者の捕食回避行動が向上すると、それに対抗して、捕食者はその上をいく狩りの技能を獲得する必要に迫られます。狩りの技は、食うものと食われるものの攻防という過酷な淘汰圧のなかで進化してきたはずです。だからこそ狩りは、動物の行動のなかでもっとも洗練された動きであり、最高にエキサイティングな瞬間なのです。

私が野生動物研究センター在籍中に研究をはじめたカンムリクマタカは、高校時代にこの鳥がサルをつかんでいる写真を見て以来、ずっと憧れていた動物でした。タンザニアの調査地で見た狩りが忘れられません。上空数百mを飛翔するカンムリクマタカの巨体が、突然急降下を始め、ハイラックスの潜む岩場の狭い隙間に、ほとんど速度を落とすことなく突っ込んだのです。私が見た最高の狩りのひとつです。こんなシーンがもっと見たいから、私は野生動物の直接観察にこだわりつづけています。

自然保護NGOスタッフ

岡安直比さん
コンゴ共和国のゴリラ孤児院の院長、WWFジャパン室長などをへて、
認定NPO法人UAPACAA国際保全パートナーズ代表理事

ゴリラなどの大型類人猿をはじめとする野生動物の保護や、自然環境の保全を推進するNGOのスタッフとして、アフリカ各地のフィールドをまわってきました。

30年前に生まれて初めて行った海外旅行が、ザイール共和国(現・コンゴ民主共和国)の熱帯ジャングルでした。最後の類人猿、ボノボの行動を研究するためです。寿命の長い類人猿の研究には、生息地に充分な森を残し、ボノボが健全な状態で暮らせることが肝心です。「彼らの暮らす森をいかに守るのか」という活動も、研究とは別にフィールド運営の課題の一つして取り組まれていました。

カメルーンとコンゴ共和国国境を流れるサンガ川を、現地WWFと森林省のスタッフとともに視察

ザイール共和国の政情不安で、隣国コンゴ共和国に移り、仕事の軸足を保護の世界に移したのが1992年のことです。イギリスで私立動物園を経営するハウレッツ財団とコンゴ政府森林省とが協力して発足した「ゴリラの野生復帰プロジェクト」のメンバーに加わりました。密猟者から没収した赤ちゃんゴリラを保護して育てたあと、野生の森に帰す活動です。プロジェクトがようやく軌道に乗りはじめたやさき、1997年に内戦が勃発して開店休業状態に。2001年に和平協定にこぎ着けたものの、その後も復興に長い時間がかかりました。

内戦を期にプロジェクトを辞めた私は、しばらくフリーのサル学者として活動したあと、WWFジャパンの「自然保護室」に入りました。約100か国にひろがるWWFが国を超えて共有するテーマは、「種の保護、森林保全、海洋保全、淡水系保全、気候変動問題、有害化学物質問題」。各チームのメンバーとともに保全活動に携わるなかで実感したのは、経済のグローバル化とともに急激に複雑化する自然保護の科学。地球規模のダイナミックな政策で国際協力を促し、気候変動などの問題に対処するいっぽうで、フィールドの保護活動にもきめ細かに対応しなければなりません。Think Globally, Act Locally(地球規模で考え、足元から行動しよう)という意識で活動できる若手の人材が求められています。

この動物のここがおもしろい!

「好奇心をかき立てられる」動物はやっぱりボノボ。遺伝的にはもっとも人類に近いといわれながらも、行動パターンやコミュニケーションの方法、感情表現、集団行動はヒトとはまったく違います。予測不能なところがおもしろいです。

映像制作

中村美穂さん
京都大学野生動物研究センター

動画編集室にて

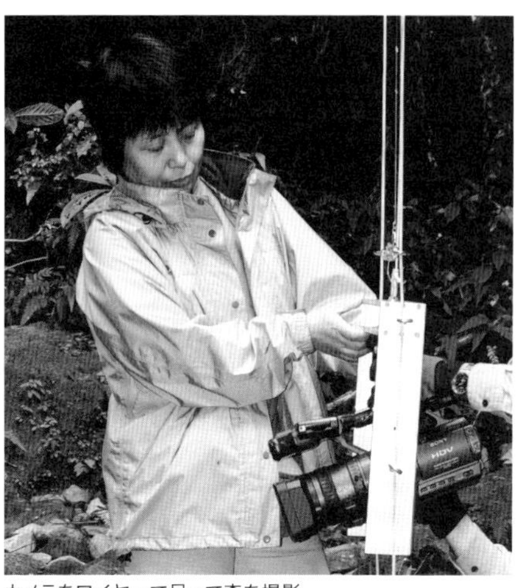
カメラをワイヤーで吊って森を撮影

テレビの自然科学番組や博物館の展示映像をつくっています。日本ではディレクターとよばれる仕事です。企画を立て、撮影隊を組織してロケに行き、撮った動画を編集して、ナレーション原稿を書きます。最近はカメラが小型・自動化して扱いやすくなったので、自分で撮影することも多くなりました。世界のいろいろな場所に行けること、そこでしばらくのあいだ地元の人と一緒に暮らすこと、さまざまな分野の専門家に会えること、動物たちを自然の中で見られることなどが、この仕事の楽しさです。

インターネットやスマートフォンの発達で、だれでも気軽に動画を撮り、共有もすぐにできる時代になりました。高価なカメラやパソコンがなくても、アイデア次第で新しい表現ができます。そして、だれでも発信できるからこそ、その人にしか見つけられないものに価値があります。自分なりの見方で、自分が楽しいと思ってつくった動画が、結果的に多くの人の心に届きます。疑問に思ったことを自分で考えたり、調べたりするのが好きな人や、新しいことを試すのが好きな人には、映像制作は向いているでしょう。

● 未来を担うキミたちへ ●

私は大学でヒトの進化を学びました。私たちが進化の過程で得てきた〈優れた〉能力には、いつも裏の面があります。記憶力がよいから嫌なことも忘れられない。未来を予測する能力が高いから将来が心配になる。だいじなのは、「そういうものなんだ」と知っていることです。落ち込んだり不安になるのは、あなたがヒトだからです。ヒトはほかの動物にくらべるとゆっくりと成長します。長い青春時代にあれこれ悩んで心を鍛え、たくさんの失敗をして経験を積むのが、ヒトという生きものの生き方なのです。遠慮なく、思いっきり悩んでください。

そして、どうにも行き詰まったときには、とりあえずだれかに助けを求めましょう。助け合うことで、ヒトの祖先は長い進化の道のりを生き残ってきました。だから、助けを求めるのもヒトとして当然のこと。ヒトが本来どういう生きものかを考えると、たいていのことは気が楽になりますよ。

キュレーター

新宅勇太さん
京都大学野生動物研究センター／公益財団法人日本モンキーセンター

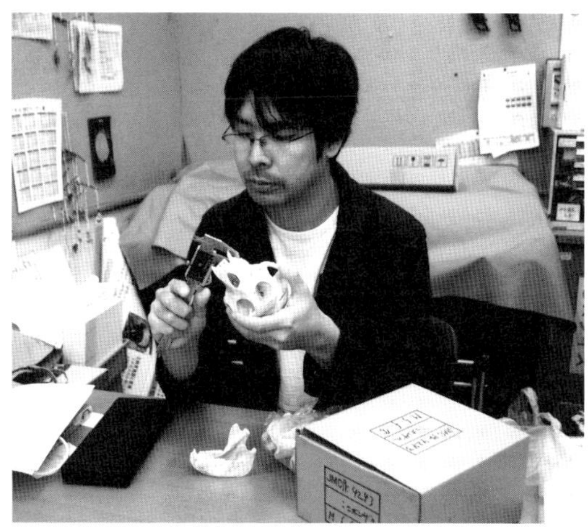

ニホンザルの頭骨の大きさを測る。たくさんの標本を保管する博物館だからできる研究

日本モンキーセンターは、サル類の学術研究をすすめるかたわら、附属世界サル類動物園も運営しています。私たちキュレーター（博士学芸員）は、それぞれの研究活動をすすめつつ、動物園での資料保存、教育活動にも積極的にかかわります。業務の幅は多岐にわたりますが、仕事のベースはやはり各自の研究です。私の研究の柱は、動物の骨を調べることと、アフリカの森での野生動物の調査の二つです。

キュレーターは、それぞれの専門的な知識をいかして、博物館の展示企画を考えたり、来園者にレクチャーをしたりします。モンキーセンターでは13,000点を超える骨格標本や内臓標本などを保管しているのですが、骨の調査を専門とする私は、その管理方法や活用方法の検討、新たな標本づくりなども担当します。

学術研究会や一般市民を対象とした講演会を企画することもあります。最新の研究成果や、新たに解明された動物たちの生態、野生動物たちのおかれている現状などをわかりやすく、多くの人たちに伝えるにはどうすればいいか、仲間とともに頭を悩ませながら取り組んでいます。

動物園や博物館は「出会いの場」です。生きた動物や展示資料を目にすることで、多くの人が未知の世界を発見し、新しい知識を得ます。出会いはそれだけではありません。研究者や一般の来園者、学校の教員や生徒、博物館や動物園のスタッフなど、さまざまな立場、さまざまな考え方の人たちが集まる場所でもあります。そこでの出会いが思いもよらないつながりを生み、さらに新しい発見へとつながることがあります。

たとえば、あるサルに夢中になって、動物園に通いつづけた子どもが、のちに世界を驚かせる大発見をするかもしれません。キュレーターは、最先端の研究成果にかかわれる魅力的な仕事であると同時に、新しい発見につながる「スタート地点」をつくる仕事でもあるのです。

この動物のここがかっこいい！

「かっこいいなぁ」と思うのはチーター。スラっと長い手足、スレンダーな体型、小さな頭……。動物園でその「シュッとした」体型を見るたび、動物たちの姿の美しさに関心します。野生の姿もぜひ見てみたいものです。

研究者

鈴木真理子さん
鹿児島大学国際島嶼教育研究センター奄美分室　プロジェクト研究員

巣穴の調査のようす

アマミノクロウサギ

国際島嶼教育研究センター奄美分室は、奄美群島の生物多様性を研究する鹿児島大学の分室です。奄美群島と沖縄諸島を含む中琉球と呼ばれる地域は、ユーラシア大陸から隔離された約200万年前から、人の行き来のはじまる数万年前まで、ほかの大陸や九州島と生きものの交流がありませんでした。そのため、独自の生態系が育まれ、固有の生きものがたくさん生息しています。

私はここで、アマミノクロウサギを研究しています。アマミノクロウサギは約900万年前にユーラシア大陸で誕生しましたが、現在は奄美大島と徳之島にのみ生息しています。世界自然遺産の登録を目前*にし、奄美大島が注目をあびて観光客が増えるなか、観光ツアーなどが動物たちにどんな影響を与えるのかを調べています。

奄美大島で暮らしはじめて4年。オオトラツグミの鳴き声で目覚める春、夏は夜ふかしして産卵するアオウミガメを見つめ、サシバの飛来で秋の到来を知り、冬の海では厚着してザトウクジラを探索。生きものたちの姿に季節の変化を感じるこうした生活は、島ぐらしならではの楽しみです。

この島の子どもたちの多くは、高校卒業後に進学や就職で島を離れます。この島の自然がいかにかけがえのないものであるかを、出前授業や観察会をとおして子どもたちに伝えることが、島の未来を守ることにもつながると信じています。

＊2018年3月時点

研究対象のここが気になる！

アマミノクロウサギの「生来のどんくささ」。捕食者のいない島で生き延びてきたからでしょうか。自動撮影カメラに映る動きの緩慢なこと。それゆえに、車に轢かれたり、外来捕食者に狙われやすいのですが、彼らの緩慢さは、私の「癒し」でもあります。カメラ越しではあるのですが、島でのんびり生活する彼らを見守りつづけたいです。

● 動物を研究したいキミたちへ ●

都市にも、イタチやネズミなどの小型哺乳類や、野鳥、両生爬虫類など、探せばたくさんの野生動物がいます。予備知識なく、安易に野生動物に「触れる」のはおすすめしませんが、じっくりと観察したり、生息の痕跡を探してみてください。まだまだ生態が謎につつまれている動物はたくさんいます。あっと驚く生態をもっているかもしれないし、いないかもしれません。しかし、その動物の生態がわかれば、保護への道すじが拓けたり、人と動物の軋轢を軽減して共存できる環境をつくりだせるかもしれません。一つずつ謎を解くことで、可能性はひろがります。

環境省レンジャー

福島誠子さん
環境省自然系技官

国立公園指定のための現地調査
（写真提供・近畿地方環境事務所）

国家公務員として、日本の自然環境を守る仕事をしています。そのフィールドは、日本に34ある国立公園をはじめ、希少な動植物の繁殖地、湿原や干潟、サンゴの海までさまざまです。

たとえば、国立公園では、風景や動植物を保護することと、たくさんの人に公園を楽しんでもらうこと、その両方がミッションです。風景や動植物を保護するには、開発を規制する方法もありますが、それだけでは不充分です。生態系のバランスが崩れないよう、ときには増えすぎた動物を捕獲したり、外来種を駆除することもあります。また、原生的な自然をイメージされがちな国立公園ですが、野焼きで維持されてきた阿蘇の草原や信仰と結びついてたいせつにされてきた吉野山の桜など、自然と人びとの営みが作用しあってできた風景も見どころです。そのような風景は、活動をつづける人がいなければ維持できません。人や社会への働きかけも必要なのです。

たくさんの人に公園を楽しんでもらうための計画づくりもします。ビジターセンターや展望台、トイレ、駐車場など、どこにどんな施設が必要か、自分が利用者になったつもりで考えます。自然観察会など、自然への興味を深めてもらうイベントも企画します。公園を利用してもらうことで、風景や動植物の保護もすすむようなうまいしくみがつくれないか、いつも考えています。

現場では、自然をそのまま守りたい人、地域振興のために多くの観光客を招きたい人、先祖代々の土地で農業や林業を営んでいる人たちなど、さまざまな立場の方に出会います。公園の管理では、そうした方がたと、目標や課題を共有することがたいせつです。さまざまな立場の方をまきこんで、どんな国立公園にしたいか話し合います。意見を調整して方針をたて、それを実現するための計画をつくり、多くの人の協力をえて実行します。レンジャーの腕の見せどころです。

現場になんども足を運び、地域の方の話をよく聞いて、なにをすべきかを考える。そのさきに、「人と自然の関係を結い直す」、そんな仕事ができるようがんばっています。

一般向けのイベントにブース出展し、国立公園の魅力をわかりやすく伝える（写真提供・近畿地方環境事務所）

この動物に憧れる！

イヌワシは、いつか出会ってみたい憧れの猛禽。険しい山岳域に巣があるので、なかなかお目にかかれません。「豊かな自然を後世に引き継がねば」という使命をあらためて感じさせてくれる存在です。

科学コミュニケーター

髙橋明子さん
日本科学未来館

科学コミュニケーターは、行政・研究機関・企業・一般市民をつなぐ活動をしています。科学未来館の来館者との対話や、実験教室やイベントの開催をとおして、科学や研究の魅力を伝えることはもちろん、一般の方がたの疑問や期待を研究者に伝えることで、双方向のコミュニケーションが生まれることを期待しています。素粒子から宇宙まで、あらゆるスケールの科学トピックスを扱うため、科学全般についての幅ひろい知識が必要です。もちろん動物についての話題も取り扱うので、自分の専門分野に軸足を置いて活動をする機会も多いです。トークやワークショップなどを通じ、動物の不思議でおもしろい世界と、動物に関心がなかった人たちの興味・関心を重ね合わせ、動物たちのファンを増やしていく、そんなことができる仕事です。

科学コミュニケーターはまだメジャーな存在ではありませんが、少しずつ活躍の場を広げています。そのひとつが社会課題の解決に関わる現場です。

私たちの社会には、たとえば環境問題をはじめ、大きな社会課題が山ほどあります。これらを解決するには、研究者や行政、NPO、市民などのさまざまなステークホルダーの意見を聞いて、交通整理をしながら合意形成をはからねばなりません。そのさいには、膨大な情報のなかから正確な科学的知見を選択・整理し、すべてのステークホルダーにわかりやすく伝えることで、共通の議論の土俵を築く必要もあります。科学コミュニケーターはこのような役割を果たすことで、実社会と科学の現場とをつなぐ橋渡しをしています。

この動物のここがおもしろい!

ハダカデバネズミ(ふとん係)

名前もビジュアルもインパクトがある動物です。地中に穴を掘り、80匹ほどの集団で暮らしますが、繁殖にかかわるのは1匹のメスと1～3匹のオスだけ。残りの個体は、外敵から群れを守る〈兵隊デバ〉、巣のメンテナンスや育児などを担当する〈働きデバ〉として、群れをささえます。このように、一部の個体だけが繁殖に関わり、残りはサポートに徹する社会システムを真社会性といいます。アリやハチでよく見られる真社会性ですが、哺乳類ではハダカデバネズミとその近縁種の2種のみで、とてもめずらしいです。

役割分担のなかでも興味深いのは「ふとん係」。じつは哺乳類なのに変温動物なので、トンネルの温度が下がると子どもの体温もすぐに下がってしまいます。そこで働きデバの一部が、育児期に自分の体をベッドにして子どもを温めるのです。できることなら私も、「ふとん係」になって、ずっと寝ていたいです。

著者一覧（50音順・敬称略）

所属・役職は初版発行時（2018年5月30日）のものです。
◎は編集チーム

掲載ページ

阿部秀明　あべ・ひであき　134
京都大学野生動物研究センター 特定助教（2015〜2017年度）

Andrew MACINTOSH　あんどりゅー・まっきんとっしゅ　60
京都大学霊長類研究所 准教授

飯田恵理子　いいだ・えりこ　66
京都大学アジア・アフリカ地域研究研究科 研究員、日本学術振興会 特別研究員

池田威秀　いけだ・たけひで　53
京都大学野生動物研究センター 研究員、SATREPS研究員

伊谷原一　いだに・げんいち　108
京都大学野生動物研究センター 教授、公益財団法人日本モンキーセンター 園長／常務理事、
京都市動物園 学術顧問、京都水族館 エクゼクティヴ・アドヴァイザー

伊藤英之　いとう・ひでゆき　94
京都市動物園 生き物・学び・研究センター 研究教育係長、京都大学野生動物研究センター 特任研究員

井上漱太　いのうえ・そうた　90
京都大学大学院理学研究科 博士後期課程（京都大学野生動物研究センター）

植田彩容子　うえだ・さよこ　104
京都大学野生動物研究センター 教務補佐員（2013〜2014年度）

鵜殿俊史　うどの・としふみ　157
京都大学野生動物研究センター 熊本サンクチュアリ獣医

遠藤良典　えんどう・よしのり　144
京都大学大学院理学研究科 博士後期課程（京都大学野生動物研究センター）

岡安直比　おかやす・なおび　161
公益財団法人日本モンキーセンター 国際保全事業部部長、
京都大学野生動物研究センター 特任教授、元 WWFジャパン 自然保護室長

金田 大　かねだ・ひろし　160
金田野生動物研究所 代表

狩野文浩　かのう・ふみひろ　106
京都大学野生動物研究センター 特定助教

川北安奈　かわきた・あんな　64
京都大学大学院理学研究科 博士後期課程（京都大学野生動物研究センター）

菊池夢美　きくち・むみ　128
京都大学野生動物研究センター 研究員、SATREPS研究員

岸田拓士　きしだ・たくし　56
京都大学野生動物研究センター 特定助教

◎木下こづえ　きのした・こづえ　26
京都大学野生動物研究センター 助教

久世濃子　くぜ・のうこ　76
国立科学博物館人類研究部、日本学術振興会 特別研究員

沓間 領　くつま・りょう　50
京都大学大学院理学研究科 修士課程修了（京都大学野生動物研究センター）（2016年度）

Christopher ADENYO　くりすとふぁー・あでにょ	130
ガーナ大学家畜家禽研究センター 研究員、京都大学野生動物研究センター 特任研究員	
黒鳥英俊　くろとり・ひでとし	46
NPOボルネオ保全トラスト・ジャパン理事、日本オランウータン・リサーチセンター代表、京都大学大学院理学研究科 博士後期課程修了(京都大学野生動物研究センター)(2015年度)	
幸島司郎　こうしま・しろう	34
京都大学野生動物研究センター 教授	
小林宜弘　こばやし・のりひろ	102
京都大学大学院理学研究科 修士課程修了(京都大学野生動物研究センター)(2016年度)	
今野晃嗣　こんの・あきつぐ	124
帝京科学大学アニマルサイエンス学科 講師	
齋藤美保　さいとう・みほ	79
京都大学野生動物研究センター 博士後期課程、日本学術振興会 特別研究員	
榊原香鈴美　さかきばら・かすみ	48
京都大学大学院理学研究科 博士後期課程指導認定退学(京都大学野生動物研究センター)(2017年度)	
桜木敬子　さくらぎ・ひろこ	114
京都大学大学院理学研究科 博士後期課程(京都大学野生動物研究センター)	
佐藤 悠　さとう・ゆう	139
京都大学大学院理学研究科 博士後期課程(京都大学野生動物研究センター)	
Sherif Ibrahim Ahmed RAMADAN　しぇりふ・いぶらひむ・あーめど・らまだん	122
エジプト ベンハ大学獣医学部講師	
新宅勇太　しんたく・ゆうた	163
京都大学野生動物研究センター 特定助教、日本モンキーセンター 学術部	
◎杉浦秀樹　すぎうら・ひでき	28、152
京都大学野生動物研究センター 准教授	
鈴木真理子　すずき・まりこ	164
鹿児島大学国際島嶼教育研究センター奄美分室 プロジェクト研究員	
Cécile SARABIAN　せしる・さらびあん	60
京都大学大学院理学研究科 博士後期課程(京都大学霊長類研究所)	
髙橋明子　たかはし・あきこ	166
日本科学未来館	
滝澤玲子　たきざわ・れいこ	146
京都大学野生動物研究センター 特任研究員、環境省自然環境局国立公園課	
田島夏子　たじま・なつこ	84、158
東京都御蔵島 民宿鉄砲場	
田中正之　たなか・まさゆき	112
京都市動物園 生き物・学び・研究センター センター長、京都大学野生動物研究センター 特任教授	
田中美帆　たなか・みほ	84
京都大学大学院理学研究科 修士課程修了(京都大学野生動物研究センター)(2017年度)	
田和優子　たわ・ゆうこ	86
京都大学野生動物研究センター 特任研究員	

辻 紀海香　つじ・きみか　36
京都大学大学院理学研究科 博士後期課程指導認定退学（京都大学野生動物研究センター）（2017年度）

中島麻衣　なかしま・まい　159
（公財）東京動物園協会 上野動物園飼育展示課

中林 雅　なかばやし・みやび　58
日本学術振興会 特別研究員、琉球大学大学院理工学研究科

中村美知夫　なかむら・みちお　148
京都大学大学院理学研究科 准教授

中村美穂　なかむら・みほ　150、162
京都大学野生動物研究センター 客員准教授

Nachiketha Sharma　なちけーた・しゃるま　100
京都大学大学院理学研究科 博士後期課程（京都大学野生動物研究センター）

平田 聡　ひらた・さとし　110
京都大学野生動物研究センター 教授、京都大学野生動物研究センター 熊本サンクチュアリ所長

福島誠子　ふくしま・せいこ　165
京都大学野生動物研究センター 特定助教、環境省近畿地方環境事務所国立公園課

藤原摩耶子　ふじはら・まやこ　142
京都大学野生動物研究センター 日本学術振興会 特別研究員、
スミソニアン保全生物学研究所 客員研究員、立命館大学 授業担当講師

堀 裕亮　ほり・ゆうすけ　126
京都大学文学研究科 助教

松川あおい　まつかわ・あおい　82
京都大学野生動物研究センター 教務補佐員

◎**松島 慶**　まつしま・けい　44
京都大学大学院理学研究科 博士後期課程（京都大学野生動物研究センター）

水口大輔　みずぐち・だいすけ　98
国立研究開発法人 水産研究・教育機構 北海道区水産研究所

水野佳緒里　みずの・かおり　92
京都大学大学院理学研究科 博士後期課程（京都大学野生動物研究センター）

Mi Yeon KIM　みよん・きむ　42
京都大学大学院理学研究科 博士後期課程（京都大学野生動物研究センター）

村松大輔　むらまつ・だいすけ　69
京都大学野生動物研究センター 研究員、龍谷大学 非常勤講師

◎**村山美穂**　むらやま・みほ　24
京都大学野生動物研究センター センター長・教授、国立環境研究所 野生動物ゲノム連携研究グループ長

森村成樹　もりむら・なるき　132
京都大学野生動物研究センター 特定准教授

安井早紀　やすい・さき　120
京都市動物園 飼育担当

山梨裕美　やまなし・ゆみ　88
京都市動物園 生き物・学び・研究センター 主席研究員、京都大学野生動物研究センター 特任研究員

山本友紀子　やまもと・ゆきこ　34
京都大学野生動物研究センター 研究員、SATREPS研究員(2014〜2016年度)、
京都大学野生動物研究センター 博士後期課程修了(2012年度)

吉田弥生　よしだ・やよい　96
東海大学海洋学部海洋社会学科 特任助教

LIU Jie　りう・じえ　39
京都大学大学院理学研究科 博士後期課程(京都大学野生動物研究センター)

Rob OGDEN　ろぶ・おぐでん　136
エディンバラ大学 獣医学部 保全遺伝部門長、京都大学野生動物研究センター 特任教授

写真提供(個人)

井上愛子　いのうえ・あいこ
東京都御蔵島村 ゲストハウスmitomi

Eddy Boy　えでぃー・ぼーい
The South East Asia Rainforest Research Partnership

鈴村崇文　すずむら・たかふみ
京都大学野生動物研究センター 技術専門職員

前田 琢　まえだ・たく
岩手県環境保健研究センター 主査専門研究員

Marty Marianus　まーてぃ・まりあぬす
マレーシア・サバ州 Sukau Rainforest Lodge

森阪匡通　もりさか・ただみち
三重大学大学院生物資源学研究科附属鯨類研究センター 准教授

森 裕介　もり・ゆうすけ
京都大学野生動物研究センター 熊本サンクチュアリ 特任研究員

湯本貴和　ゆもと・たかかず
京都大学霊長類研究所 所長

写真提供(団体)

伊豆シャボテン公園

環境省近畿地方環境事務所

公益財団法人 東京動物園協会

Snow Leopard Foundation in Kyrgyzstan

御蔵島観光協会

参考文献

＊1) Weizman S. H., Fink W. L. (1983) Bull Mus Comp Zool, 150:339-395
＊2) Gaunitz C. et. al. (2018) Science 360, 111-114
＊3) Wilson D. E., Mittermeier R. A. ed. (2011) Handbook of the Mammals of the World. Lynx Editions.
＊4) Brszil, M. A. and Hanawa, S. (1991) WWGBP Bulletin, 4: 175-23
＊5) 環境省第4次レッドリスト

索引（50音順）

頻出の用語は、各稿の初出ページのみを掲載しています。脚注およびキャプション、種情報はのぞいています。

【生きもの】

アカオザル …………………… 148
アゴヒゲアザラシ ………… 98
アジアゾウ …………………… 92,101,137
アマゾンカワイルカ ……… 19,34
アマミノクロウサギ ……… 164
イチジク（絞め殺しイチジク） 58,78
イヌ ………………………… 14,19,25,58,102,104,124,126,143,157

イルカ ……………………… 36,42,48,56,84,96,144,158
　イロワケイルカ ………… 19,96
　ミナミハンドウイルカ …… 36,42,84
ウマ ………………………… 19,56,90,118
ウミヘビ …………………… 18,50
　クロガシラウミヘビ …… 51
　クロボシウミヘビ ……… 51
雲南（ウンナン）シシバナザル 39
オオカミ …………………… 19,104,124,143,160
　ハイイロオオカミ ……… 104
オオカンガルー …………… 143
オランウータン …………… 18,46,76

カバ ………………………… 56,64
カワラバト ………………… 107
ガンジスカワイルカ ……… 34
キリン ……………………… 19,64,79,94
クジラ ……………………… 52,56,144
グラスカッター …………… 18,130
グレビーシマウマ ………… 94
ゴリラ ……………………… 24,46,161
　ニシゴリラ ……………… 112
コンゴウインコ …………… 18,134
　アカコンゴウインコ …… 134
　ベニコンゴウインコ …… 134

サル ………………………… 14,39,56,60,69,148,152,160,161,163
シカ ………………………… 14,56,152
ジャイアントパンダ ……… 26,159
スナメリ …………………… 19,48
スローロリス ……………… 18,88

チンパンジー ……………… 18,23,25,46,63,77,110,112,114,132,150,157,159

ナマケモノ ………………… 18,29,67,69
　ノドジロミユビナマケモノ 71
ニホンイヌワシ …………… 139
ニホンザル ………………… 18,60,77
ヌートリア ………………… 44,130
ネオンテトラ ……………… 18,53

ハイラックス ……………… 19,66,160
　ブッシュハイラックス …… 66
バク ………………………… 19,86
マレーバク ………………… 87
ハト ………………………… 14,18,106
ヒト ………………………… 15,17,18,25,35,74,77,85,89,97,101,114,118,124,126,131,132,137,142,144,150,158,161,162
ビントロング ……………… 19,58
ボノボ ……………………… 18,63,108,157,161
ボルネオオランウータン … 77
マナティー ………………… 19,128
　アマゾンマナティー …… 128

ヤブイヌ …………………… 19,102,105
ヤマアラシ ………………… 18,82
　ネズミヤマアラシ ……… 82

ラクダ ……………………… 19,122
　ヒトコブラクダ ………… 122

【場所】

アマゾン …………………… 69,102,128
アマゾン川 ………………… 35,53,128
奄美大島（鹿児島県）……… 164
インド ……………………… 34,101
エジプト …………………… 122

ガーナ ……………………… 130
カタヴィ国立公園（タンザニア） 64,79
ガボン共和国 ……………… 24
ガンジス川 ………………… 35
ギニア共和国 ……………… 132
京都市動物園 ……………… 103,112
京都大学野生動物研究センター 110,112,134,138,156,157,160
京都大学霊長類研究所 …… 151,159
熊本サンクチュアリ ……… 49,110,157
幸島（宮崎県）……………… 60
国立アマゾン研究所 ……… 129
コンゴ民主共和国 ………… 108,161

スリランカ ………………… 92

タイ（国名）………………… 120
多摩動物公園 ……………… 46,159
タンザニア ………………… 64,79,114,148,160
済州島 ……………………… 42
東南アジア ………………… 78,87

日本モンキーセンター …… 89,151,163
ネグロ川 …………………… 55

ブラジル …………………… 102,129
北極 ………………………… 99
ボッソウ（ギニア共和国） … 132
ポルトガル ………………… 90
ボルネオ／ボルネオ島 …… 59,77,82

マレーシア（マレー半島） … 45,77,87
御蔵島 ……………………… 37,84,158

屋久島（鹿児島県）………… 152

やんばる(沖縄県) ………… 146
揚子江……………………… 35

ワンバ森林(コンゴ) ……… 108

【欧字】

DNA ……………………… 23,24,29,44,56,126,134,137,140
　DNA配列 ……………… 57
iPS細胞 144
PCR法 …………………… 134
WWF ……………………… 161

【あ】

赤ちゃん／アカンボウ …… 43,77,82,95,129,142,158,161
足跡………………………… 23,44
アンケート ………………… 126
安定同位体………………… 23
移出……………………… 38
一斉結実………………… 78
遺伝子…………………… 24,56,123,126,140,144
　遺伝子解析…………… 138
遺伝情報………………… 25,57,134
遺伝的多様性…………… 140
遺伝的マーカー ………… 131
移動……………………… 23,27,33,35,46,59,77,80,83,88,91,100,102,106,122,129
歌………………………… 98
海………………………… 14,17,32,35,37,44,49,51,56,84,96,98,144,146,158,164,165
衛生観念………………… 61
映像／映像制作………… 22,38,49,85,91,119,150,162
エコーロケーション …… 35,96,145
エサ／餌 ………………… 25,28,49,52,65,96,140,157
餌やり …………………… 159
エストロゲン …………… 26
エネルギー ……………… 67,145
獲物……………………… 49,52,88,102,125,160
塩基……………………… 25
　塩基配列……………… 25,57,134
大型類人猿……………… 46,161
音声……………………… 43,101,103
　音声コミュニケーション 101
温暖化…………………… 17

【か】

ガイド …………………… 156,158
外来捕食者……………… 164
科学コミュニケーター …… 166
学習……………………… 111,112
　学習課題……………… 113
核DNA …………………… 134
学名……………………… 57,148
果実……………………… 58,77,82,132
化石……………………… 56
家畜(家畜化)…………… 14,123,130
カメラ …………………… 23,45,84,87,89,91,93,106,150,162,164
　自動撮影カメラ ……… 23,45,164
　水中ビデオカメラ …… 84
　(赤外線)センサーカメラ 87
　赤外線ビデオカメラ …… 89
　テレビカメラ ………… 150
カモフラージュ ………… 68,70
川………………………… 14,32,35,40,44,48,64,128
環境アセスメント ……… 160
環境省…………………… 165
環境DNA ………………… 44
環境保全………………… 131,160
観察……………………… 22,24,27,28,32,35,38,40,42,49,51,61,67,80,82,85,87,89,91,96,99,103,104,109,113,120,126,132,150,158,159,160,164
感染症…………………… 131
寄生虫…………………… 23,61
奇蹄類…………………… 19
求愛……………………… 99
嗅覚……………………… 52,56
休息／休憩……………… 29,35,67,77
キュレーター …………… 163
教育・普及……………… 112
(群れの)凝集性………… 103
共生……………………… 17,158
鏡像……………………… 54
共存……………………… 17,35,129,132,164
(群れの)協調…………… 90
魚類……………………… 15,18,56,137
近絶滅種………………… 15
鯨類……………………… 49,56,98
クリックス音 …………… 85
警戒……………………… 65,68,91,111
系統関係………………… 25
系統樹…………………… 19,56
毛皮……………………… 40,119,134
血縁……………………… 25,100,140
　血縁関係……………… 25,140
毛づくろい ……………… 89,115
齧歯類…………………… 18,130
ゲノム …………………… 24,56
ケンカ …………………… 29,64,75,157
健康……………………… 43,61,95,131,159
行動……………………… 17,20,22,27,28,32,35,46,49,61,65,71,75,77,80,82,85,87,90,92,95,99,101,103,104,109,111,112,114,120,125,126,129,158,159,160,161
　行動観察……………… 28,69
　行動実験……………… 23
　行動展示……………… 46
　行動レパートリー …… 47
交尾……………………… 26,29,77,99,101,158
声………………………… 29,68,75,85,86,92,97,100,103,108,164
国立公園………………… 65,165,
子育て …………………… 74,76,80,83,85
個体差…………………… 25,104,123,126,
個体識別………………… 37,84,93,158
コドモ／仔 ……………… 22,43,47,49,74,77,79,82,84,101,150,158,159,163,164
コミュニケーション …… 75,87,101,103,161,166
固有種…………………… 128

混合展示……………………… 94
痕跡………………………… 23,44,146,164

【さ】

採食………………………… 35,59
細胞………………………… 22,24,135,142,144
飼育………………………… 14,39,42,46,94,103,110,118,122,129,131,141,159
　飼育管理………………… 94
　飼育施設………………… 46,110,118,159
　飼育係(飼育担当)……… 126,141,159
塩場………………………… 45,87
次世代シークエンサー …… 56
視線………………………… 75,104,106
自然観察…………………… 131,165
自然保護…………………… 160,161
死体／遺体………………… 49,56,65,92
実験………………………… 22,44,61,111,112,143,144
　実験教室………………… 166
　実験室…………………… 25,106,113,145
自動記録装置(バイオロガー) 23
自動録音装置……………… 23,43
脂肪………………………… 121,145
写真………………………… 24,38,42,106,148,160
社会………………………… 17,20,68,75,79,95,109,165,166
　社会関係………………… 74,89,114
　社会行動………………… 35,89,120
獣医………………………… 95,157
集落………………………… 130,132,146,152
種子………………………… 59,132,150
　種子散布………………… 132
　種の同定………………… 134
樹上………………………… 58,77,108,132
　樹上性…………………… 69,77
　樹上生活………………… 47,58
受精………………………… 26,142
　受精卵…………………… 142
出産………………………… 29,43,77,80,99,159
　出産率…………………… 63
授乳………………………… 74,77,80
狩猟………………………… 40,130,140
進化………………………… 19,20,46,51,56,63,112,114,124,134,144,150,160,162
人工授精…………………… 22,142
真社会性…………………… 166
心拍数……………………… 23,70
森林伐採…………………… 17,40
巣…………………………… 23,67,82,165,166
　巣穴……………………… 67,82
水族館……………………… 36,46,51,53,96,99,158
水中………………………… 22,24,35,43,44,84,91,99,129
　水中観察………………… 49
　水中撮影………………… 38,85
　水中生活………………… 34
スカイウォーク …………… 46
ストレス …………………… 23,27
ストレスホルモン ………… 27
住処………………………… 39,45,64,82
性格………………………… 25,123,126
性格(行動)関連遺伝子…… 126
精子………………………… 22,142
精巣………………………… 26
生息数……………………… 44,94,128
生物多様性………………… 145,146,160,164
世界自然遺産 ……………… 40,153,164
脊椎動物…………………… 18,52
絶滅………………………… 15,17,35,40,118,130,135,136,139,142,150
　絶滅危惧種……………… 15,94,127,140,144
背びれ……………………… 38,42,48
染色体……………………… 56
戦略(採食戦略)…………… 52,59,68
双眼鏡……………………… 22,43,91,109,115
草食性……………………… 128
草食動物…………………… 67,86
祖先………………………… 18,57,104,124,144,150,162

【た】

体温………………………… 67,70,145,166
形態………………………… 20,22,46,56,104
体重………………………… 20,22,63,77
体長………………………… 20,22,91,135
タッチパネル／タッチモニター 111,112
食べもの …………………… 40,51,58,62,75,77,79,82,124
単独………………………… 46,75,77,87,89,95
　単独生活………………… 100
タンパク質 ………………… 25,56,127,130
知識………………………… 45,119,129,132,147,148,150,156,158,163,164,166
超音波……………………… 35,85,96
鳥類………………………… 14,18,52,74,98
直接観察…………………… 160
追跡調査…………………… 129
低周波音…………………… 100
データ ……………………… 22,38,43,45,70,85,87,106,119,126
データベース ……………… 138
適応………………………… 89,122,131
テスト ……………………… 23,111,124
　行動テスト ……………… 126
デュエット ………………… 99
テリトリー（縄張り） ……… 94
転位行動…………………… 62
天敵………………………… 29,57,96,128
道具(道具使用)…………… 29,110,150
動物園……………………… 14,26,39,46,65,79,89,94,103,112,118,122,127,128,140,143,157,159,161,163
毒…………………………… 51,88
特定外来生物……………… 44
ドローン …………………… 22,43,49,90,106

【な】
仲直り……………………… 75,109
仲間……………………… 14,16,29,35,38,40,43,48,51,56,58,64,67,74,87,92,96,98,100,102,104,107,163
鳴き声……………………… 29,64,103,164
匂い……………………… 52,93
肉食動物……………………… 68
尿……………………… 23,27
認知科学……………………… 112
認知研究……………………… 110
熱帯……………………… 59,161
　熱帯雨林……………………… 45,59,82,87,102,108
　熱帯魚……………………… 53
　熱帯林……………………… 69,132
農薬……………………… 17

【は】
ハーレム……………………… 95
排泄……………………… 27,33,59,77,132
博物館……………………… 150,153,162,163
爬虫類……………………… 14,18,51
発情……………………… 23,26
発信機……………………… 82
羽／羽根……………………… 23,24,134,140
母親／母／お母さん……… 42,47,74,77,79,82,84,158,159
繁殖……………………… 26,33,38,43,44,95,98,118,127,131,140,142,159,160,166
　繁殖期……………………… 98
　繁殖成功率……………………… 26,140
　繁殖地……………………… 160,165
　繁殖能力……………………… 131
ビデオ撮影……………………… 23
標本……………………… 163
品種……………………… 123
　品種改良……………………… 125,131
フィールドワーク……………… 25,43,109,152
ブラックウォーター………… 55
糞……………………… 23,24,27,29,61,123,132,152
分子系統学……………………… 56
ベッド……………………… 23,93,166
保育園(クレイシ)…………… 79
法医学……………………… 137
ホカホカ……………………… 109
保護……………………… 40,129,135,136,141,160,161,164,165
　保護区……………………… 17
母子／母仔……………………… 38,80,100,159
捕食
　捕食回避行動……………… 160
　捕食者……………………… 55,68,83,103,160,164
保全……………………… 35,112,118,130,144,149,161
　保全遺伝……………………… 136
　保全活動……………………… 138,161
母乳……………………… 77
哺乳類……………………… 14,18,44,52,56,69,74,77,90,128,166
骨……………………… 22,93,163
ホルモン……………………… 23,26,29,127

【ま】
密輸／違法取引……………… 134,136
密漁……………………… 129
ミトコンドリアDNA ……… 134
群れ……………………… 38,40,42,46,67,75,77,90,95,100,102,105,150,166
猛禽類……………………… 67,141,160
モニタリング……………… 44,160
森……………………… 32,35,45,59,70,78,82,87,108,115,125,130,132,144,146,150,153,161,163

【や】
野外実習……………………… 152
夜間……………………… 35,67,82
夜行性……………………… 23,87,89
野生……………………… 15,37,39,42,46,53,65,69,77,84,87,89,90,101,103,119,129,130,135,140,143,158,161,163
　野生生物……………………… 137
　野生絶滅……………………… 15
　野生動植物……………………… 135,160
　野生動物……………………… 14,17,22,24,27,29,32,60,65,112,118,125,127,129,130,142,144,148,157,158,159,160,161,163,164
　野生復帰……………………… 42,129,161
宿主……………………… 58,61

【ら】
(ラジオ)テレメトリー……… 82
ラボワーク……………………… 25
乱獲……………………… 17,128,130,136
卵子……………………… 22,142
卵巣……………………… 26,142
両生類……………………… 14
類人猿……………………… 109,161
霊長類……………………… 18,23,40,63,88,98
　霊長類学……………………… 112,153
ロガー……………………… 35,70

【わ】
ワシントン条約……………… 134

おわりに

この本は、京都大学野生動物研究センター（以下、センター）の創立10周年を記念して企画されました。センターは2008年4月に、「野生動物に関する教育研究を通じて、地球社会の調和ある共存に貢献すること」を目的にスタートしました（https://www.wrc.kyoto-u.ac.jp）。センターの創立からこれまでの10年で、さまざまな研究拠点、そして多くの研究者や施設の間のネットワークを築くことができました。出版にあたっては、センターに関わりのあった、できるだけ多くの研究者にご執筆いただくことをめざしました。研究の成果だけではなく、バックヤードのような表には出ない工夫や、現場での感情も書いていただくようにしました。個性豊かな研究者たちが、毎日、苦労しながらものびのびと楽しく研究を展開しているようすが伝わればと願っています。ページ数の制限や対象動物種の偏りのために今回ご依頼できなかった方には、次の機会にぜひお願いしたいと思っています。

野生動物を知ることは、私たち自身の社会を知ることにつながります。野生動物をめぐる環境は、この10年で大きく変わりました。ますます個体数を減らし絶滅が危惧される種がいるいっぽうで、増えすぎて生態系のバランスをこわしている種もいます。また、初版発行後、2020年は新型コロナウイルス感染症の蔓延により、世界が大きく一変しました。まだ明らかにはなっていませんが、感染源として、コウモリ由来のウイルスがセンザンコウを中間宿主として、人に感染したと考えられています。人類の安全保障のためにも、問題解決に尽力する人材や動物たちの情報がますます求められています。この10年で研究が大きく進歩した部分もありますが、野生動物のことを知れば知るほど、やり残したことや新たな課題もたくさん見えてきました。それぞれの動物種や研究方法からわかった情報のピースを統合すること、在籍して学んだ若者の活躍の場を拡げること、研究成果を野生動物の保全や飼育に応用することなどです。そして、野生動物研究に関心をもってくださる方を増やし、研究の輪をさらに拡げたいと思っています。続編をつくるとすれば、そうした活動から生まれた新しい研究の成果が語られることでしょう。

また、研究は長く継続しなければなりません。生態系全体に大きな役割を果たしていて、保全活動の鍵となるような大型の野生動物には、寿命が長いものが多いからです。ゾウは70年以上、オランウータンは50年以上も長生きします。彼らの生活をよく知るには、長期にわたる研究が必要です。しかし、通常の研究資金は短期間に限られていることが多いので、センター自身で資金を確保する必要があります。京都大学野生動物研究センター基金ではみなさまからの寄付を受け付けています（https://www.wrc.kyoto-u.ac.jp/donation.html）。ぜひともご協力いただけますと幸いです。

さいごに、本書の作成にあたり、計画から短い期間に魅力的な文章を寄稿いただきました執筆者のみなさん、すばらしい写真をご提供いただきましたみなさま、厳しいスケジュールにもかかわらずていねいな編集をしていただきました京都通信社の河田結実さんはじめ関係者のみなさまに、深く感謝いたします。本書の出版費用の一部は、京都大学研究連携基盤次世代研究者支援事業による支援を受けました。

編者一同

野生動物
追いかけて、見つめて知りたい キミのこと

2018年6月11日 初版発行
2021年7月12日 第2版発行

京都大学野生動物研究センター　編

発行所　京都通信社
京都市中京区室町通御池上る御池之町309　〒604-0022
電話075-211-2340　http://www.kyoto-info.com/
発行人　井田典子
制作担当　河田結実
イラスト　本間由希央、熊谷仁志
装丁　中曽根デザイン
印刷　株式会社谷印刷所
製本　大竹口紙工株式会社

Printed in Japan　ISBN978-4-903473-60-4